能量视角下的绿色建筑设计：
理论、方法与实践

The Theory, Method and Practice of Green Building Design from the Perspective of Energy

郑　斐　王宇清　著

U0300615

中国建筑工业出版社

图书在版编目（CIP）数据

能量视角下的绿色建筑设计：理论、方法与实践 =
The Theory, Method and Practice of Green Building
Design from the Perspective of Energy / 郑斐，王宇
清著. —北京：中国建筑工业出版社，2024.4
　　ISBN 978-7-112-29785-6

　　Ⅰ.①能… Ⅱ.①郑… ②王… Ⅲ.①生态建筑—建
筑设计—研究 Ⅳ.①TU201.5

　　中国国家版本馆CIP数据核字（2024）第082586号

　　责任编辑：黄习习
　　书籍设计：锋尚设计
　　责任校对：赵　力

能量视角下的绿色建筑设计：理论、方法与实践
The Theory, Method and Practice of Green Building Design from the Perspective of Energy
郑　斐　王宇清　著
＊
中国建筑工业出版社出版、发行（北京海淀三里河路9号）
各地新华书店、建筑书店经销
北京锋尚制版有限公司制版
北京云浩印刷有限责任公司印刷
＊
开本：787毫米×1092毫米　1/16　印张：11¼　字数：193千字
2024年5月第一版　　2024年5月第一次印刷
定价：**58.00**元
ISBN 978-7-112-29785-6
　　（42769）

序 一

　　山东建筑大学"绿色建筑技术及其理论"博士人才培养项目是面向国家发展绿色建筑的特殊需求，培养在绿色建筑领域独立从事科研工作的高级专门人才。郑斐是该项目培养的一名优秀博士毕业生，是我的学生。他是设计师出身的研究者，是山东建筑大学"双师双能型"教师队伍中的典型代表。他具有国家一级注册建筑师和城乡规划师执业资格，设计作品多次获得省部级奖项，个人也被评为济南市优秀青年勘察设计师；同时，他热爱科学、善于钻研，获得博士学位后带领团队继续坚持绿色建筑设计方法的研究，在能量视角下绿色建筑设计理论与方法领域做出一些成绩，相关文章发表于《建筑学报》等核心期刊。

　　这本书是作者在其博士论文《基于系统生态学的绿色建筑设计方法》基础上的进一步研究。作者以建筑设计为核心，尝试结合热力学原理、系统生态学理论与网络分析方法，在明确绿色建筑设计背后的能量线索基础上，构建了绿色建筑能流网络模型，在理论、方法和实践三个层面较完整地阐明了该模型与建筑设计的关联机理。本书旨在帮助建筑师认识绿色建筑空间形式与技术措施等设计策略背后的深层逻辑；尝试将相关理论与方法融入绿色建筑设计流程，为建筑师提供了一套较为可行的绿色建筑设计方法。

山东建筑大学原副校长、教授、博士生导师

2016建筑设计奖·建筑教育奖获得者

序 二

当前，全球能源危机、极端天气等环境问题加剧，建筑作为人类生活的物质载体，已经成为影响生态环境发展的重要因素。可持续发展目标下，当代建筑师需要不断思考绿色建筑设计的理论基础和实践方法。作者长期从事建筑设计的教学与实践，具备良好的科研能力和实践经历，攻读博士期间专注于系统生态学在绿色建筑设计领域的应用研究，并从国内外的动态研究中获得启发，展开了系统的研究。

本书立足于我国建筑绿色低碳发展的现实需求，在系统生态学视野下深入研究了由环境、建筑与人所构成的能流网络；通过跨学科的研究，从整体系统观与网络科学的视角，审视当前的绿色建筑设计模式，提出绿色建筑的发展需要关注其能量本质，并阐释了众多优秀绿色建筑案例中设计策略背后的能量逻辑，为建筑设计领域相关人员理解建筑与整体环境系统协同发展的关系、考量整体环境尺度下的建筑可持续性提供了有益观点。

本书拓展了我国绿色建筑设计研究的理论内容和方法体系，具有积极的创新启示性和应用指导价值。期待本书的出版，能够在可持续发展目标的推动下，促进绿色建筑设计理念更好地融入人居环境建设中！

清华大学建筑学院教授、博士生导师

清华大学建筑设计研究院有限公司副总建筑师

　　建筑设计的发展涵盖了太多建筑类学科向深、向前、向上发展的机遇。一代代建筑师的设计理念、职业技能与工作模式，也都在与时代同频迭代升级。空前的人口规模、激增的资源需求以及环境污染的集聚效应共同催生了环境可持续发展下绿色建筑设计的新需求。当前系统科学背景下的绿色建筑设计需要一种综合的方法，通过整合自然、技术和社会等价值维度，将建筑置于一个整体的语境中进行研究。

　　热力学第二定律虽然揭示了建筑作为整体生态系统中一个"开放耗散子系统"的发展趋势，但未能有效诠释宏观的热力学现象与建筑能量系统发展之间的因果关系。系统生态学提出的生态系统最大功率目标下能量层级结构、物质浓度转换和能流网络反馈等原则，构成了系统自组织发展过程中"形式追随能量"的实施路径，在阐释建筑能量系统演化规律的同时为绿色建筑设计提供了环境可持续发展原则。网络分析方法被认为是21世纪以来从本质上研究复杂系统、解决复杂问题的基础科学方法，也为设计师提供了复杂性研究的新视角和新方法，对于揭示真实世界的运行机制具有指导意义。

　　本书笔者尝试结合热力学原理、系统生态学与网络分析方法，在前人研究的基础上构建环境、建筑与人的开放能流网络，剖析绿色建筑空间形式及技术措施背后的能量逻辑，探索协调自然与技术关系的建筑可持续发展新视角，以求拓展能量视角下的绿色建筑设计内涵，丰富设计方法。

　　本书由两部分构成：认知与理论、方法与实践。第一部分认知与理论分为两个章节。第1章绪论梳理了复杂系统科学背景下现代建筑能量实践从孤立到开放的转变，阐明了能量视角下建筑开放系统观的重要性；明确了绿色建筑的能量线索，梳理了能量视角下绿色建筑的研究动态；提出了环境、建筑与人的开放能流网络概念。第2章从热力学原理、系统生态学理论和网络研究方法三个方面介绍了本研究所涉及的理论基础，并初步提出了建筑能量系统的网络分析方法。

本书第二部分方法与实践分为五个章节。第3章通过建筑能量系统物质层级、网络节点、网络连边以及时空维度边界的确定，构建了由环境、建筑与人共同组成的开放建筑能流网络模型，根据网络自身特性，并结合当前绿色建筑类型发展趋势与实践，提出"类自然"和"人工"两种建筑能流网络类型。第4章基于最大功率原则下建筑能流网络的发展特征，提出了绿色建筑能流网络本体和环境整体的可持续性评价指标体系与评价方法。第5章在绿色建筑能流网络的可持续发展目标下，提出了调节网络存—流量结构、反馈回路和延迟效应的三种能流网络的优化方式，并指出了最大功率原则下绿色建筑能流网络的发展目标。第6章通过解析能量视角下绿色建筑的能量组织方式、能量组织机理与能量组织策略，实现了从能流网络优化到绿色建筑设计方法的转译，并以能量组织为核心，将建筑能流网络的优化方法融入绿色建筑设计流程。第7章基于不同时空维度下能流网络的优化路径，提出了绿色建筑在场地、形态和场景三阶段中空间形式和技术措施的设计策略。通过典型案例阐释了各设计策略在建筑实践中的应用场景，形成了基于能流网络优化的绿色建筑设计策略图示。

理论层面，本书通过系统生态学、网络科学与建筑学之间的跨学科研究，将过去孤立的、机械的建筑能量系统更迭为开放的、生态的建筑能流网络；将绿色建筑设计纳入到整体生态环境系统的运行规律中研究，希望拓宽建筑师的视野和研究边界以形成开放、系统的科学认识。实践层面，本书将相关理论与方法融入绿色建筑设计流程，为建筑师提供了一套可行的绿色建筑设计方法，也为当前学界关注的建筑碳排放研究提供了与能源利用相关的研究基础。需要说明的是，本研究只是能量视角下绿色建筑设计研究的初步探索，不妥之处，敬请指正！

感谢书稿撰写过程中所有给予我帮助的人。感谢恩师刘甦教授从设计到科研近二十五年的栽培；感谢张玉坤教授、宋晔皓教授、仝晖教授、赵继龙教授、王月涛副教授给予书稿的指导与建议；感谢我的研究生沈志成、王鑫、秦浩之、王维昊等同学，在此深表感谢！最后，也是最重要的，感谢家人的付出与陪伴！

目 录

第二部分
方法与实践

第 3 章　绿色建筑能流网络模型

第 4 章　绿色建筑能流网络的评价体系

第5章 绿色建筑能流网络的优化方法

第6章 基于能流网络优化的绿色建筑能量组织

第 7 章　基于能流网络优化的绿色建筑 设计策略

第一部分

认知与理论

第 1 章

绪论

进入21世纪，人类正经历十年一遇的山火、五十年一遇的高温、百年一遇的洪水。如果全球生态系统恶化下去，本世纪末全球气温将上升5℃，粮食将减产50%，多达75%的物种将面临灭绝[1]。与此同时，气候敏感性疾病、营养不良、过早死亡，以及对精神健康的威胁正在增加[2]。越来越多的证据表明，全球生态系统中的气候变化在加剧自然环境恶化的同时，也在直接或间接地对人类生理和心理造成巨大的影响。

建筑业的根本任务是改造自然环境，建造能够满足人类物质与精神生活的人工环境。大规模的建筑建造和快速的城市化进程在提高社会经济效益、改善人类生存环境的同时，带来了空气污染、热岛效应、温室效应等一系列生态环境问题。过去的城市发展模式与建筑设计体系存在不可持续性，随着"绿色建筑"概念的产生，当前世界各国对绿色建筑的研究正在逐步走向全面与成熟，但在绿色建筑设计理论、方法与实践相结合的层面仍然缺少一定的抓手，本章将尝试通过剖析现代建筑从孤立到开放系统观的历史成因，明确建筑能量系统作为开放耗散系统的特征，并提出本书所研究的建筑能量系统的概念——建筑能流网络，带领读者从能量视角重新认识绿色建筑设计，引发能量视角下对绿色建筑的反思。

1.1 研究背景与意义：从孤立到开放的现代建筑能量认知

1.1.1 能量是客观世界的本质和基础

21世纪以来，正经历全球气候恶化、能源危机以及更广泛的生态环境与社会问题的人们开始重新聚焦于"能量"的潜力。"能量"（energy）一词最早出现于亚里士多德的《尼各马可伦理学》[3]。1450年的达·芬奇（Leonardo da Vinci）也关注到能量这种不可见的形式。德国哲学家尼采（Friedrich Nietzsche）于1885年写道：

"这个世界：一个能量的怪物，它不会变大和变小，不会自我扩展，只会自我转化"[4]。从牛顿对于机械能量的研究，到萨迪·卡诺（Sadi Carnot）1824年的著作《火的能量思考》（*Reflections on the Motive Power of Fire*），再到1843年詹姆斯·焦耳（James Joule）热力学第一定律和1865年鲁道夫·克劳修斯（Rudolf Clausius）热力学第二定律的提出[5]，过去的哲学和科学都把物质、能量视为客观世界的基础，认为整个客观世界是由物质和能量组成的。

系统科学的发展将客观世界从物质和能量拓展为物质、能量和信息三类基本要素。总体来说，能量是客观世界一切现象的本质和基础；物质是能量的一种表现形式，是能量的可见载体；信息是对物质表现形式和能量内在组织方式的一种描述（图1-1）。物质、能量与信息既存在明显的区别，又能在一定条件下相互转化。从这个意义上讲，能量作为系统构成的基础，系统中的各要素均可以用能量作为统一的状态变量来表述。广义的能量概念是构成客观世界的底层基础；狭义的能量概念是指人们可以获得的各种形式的能量，如风能、光能、电能、机械能、生物能等，它们具有不同的数量和质量。

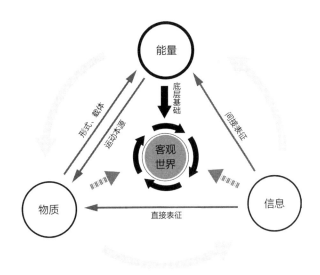

图1-1 物质、能量、信息的关系

1.1.2 建筑能量孤立系统观的历史成因

现代社会之前，能量以热量的形式在建筑实践中占有重要地位。人类一般是通过身体舒适的切实需要和经验方法在自然开放的耗散系统中对之进行处理，并未将其视为孤立系统进行特别强调和思考[6]。维特鲁威（Marcus Vitruvius Pollio）在《建筑十书》（*Ten Books on Architecture*）中提到了人类居住建筑起源于早期人类在篝火旁的聚集，此后，在上千年以经验为基础的建筑实践中，从未将建筑的能量系统视为孤立系统，更未以围护隔绝和能量节约为核心概念进行操作。中国古代建筑的建构哲学中也一脉相承着开放系统的理念，强调环境与建筑的和谐共生。直到18世纪后期温度测量仪器的发明和热传导现象的热力学研究、20世纪初工业绝热产品的大量出现以及加尔文清教徒节约文化等观念的影响，分别在科学、技术和文化三个方面逐步引导了建筑能量孤立系统观主导地位的形成[7]。

（1）科学成因

18世纪蒸汽机的广泛使用引发了人们对热机效率、热现象等能量问题的关注和研究。当时，还原论思想在科学研究中一统天下，还原论将某种复杂的现象还原为简单的系统进行精确的观察、测量和研究，探寻现象背后的本质规律。人们对热现象的研究也是基于还原论展开的，最初研究的是简单的热传导现象，这可以从当时的温度测量仪器的发明和使用中获得直观认识[8]（图1-2）。这些仪器通过某种绝热手段与外界环境隔绝热量，并与测量对象形成一个孤立系统。

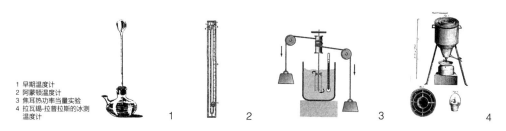

1 早期温度计
2 阿蒙顿温度计
3 焦耳热功率当量实验
4 拉瓦锡-拉普拉斯的冰测温度计

图1-2 早期温度测量仪器
（来源：改绘自MOE K. Insulating Modernism: Isolated and Non-isolated Thermodynamics in Architecture[M]. Cambridge, MA: Birkhäuser, 2015.）

18世纪后期温度测量仪器的发明为后续热传导现象的研究奠定了基础。最早对热传导的数学描述是让·巴普蒂斯·约瑟夫·傅立叶（Jean Baptiste Joseph Fourier）于19世纪初期提出的偏微分方程$q = -k(\Delta T/\Delta x)$。该方程说明：在热传导现象中，单位时间内通过给定截面的热量正比例于该截面垂直方向上的温度变化率和截面面积，且热量传递的方向与温度升高的方向相反[9]。傅立叶公式揭示了热传导现象的本质，在热力学研究中产生了广泛影响，并通过早期建筑师的努力，逐步渗透到建筑能量系统的研究中。

在还原论思想的影响下，基于热传导的傅立叶公式摒弃了对流和辐射传热方式的影响。限于当时的科学水平，建筑能量的实践也只有在这种孤立系统的热传导研究中才能快速获得确定的结果。理论方法和实践目标的契合促成了热传导研究在早期建筑工业化进程中的大量应用，从而加快了孤立系统观在建筑能量实践中的形成。直到近些年，随着简单还原论思想向系统论、生态学等复杂科学的转化，建筑能量实践才逐步还原到真实的开放系统中，全面考虑各种能量交换方式对建筑的综合影响。

（2）技术成因

随着近代冷藏工业的发展，为早期建筑能量系统的研究提供了以绝热设计为核心的技术原型，如绝热材料、冰箱、冷库等一系列产品。建筑工业化进程中绝热技术的使用，催生了以绝热材料为典型代表的建筑产品[10]。第一种建筑绝热材料——矿棉，发现于1840年，其真正作为工业产品生产和销售是在1870年代的德国奥斯纳布吕克（Osnabrück），并于1890年左右以绝热板的形式出现在美国建筑工业杂志上[11]。据统计，美国1925年以前发表的超过400篇与建筑传热现象相关的研究论文中大多数核心内容来自建筑学以外的学科，与建筑学紧密相关的仅有3篇，而且这些论文大多聚焦于热传导方面，关于对流和辐射传热现象的研究文章较少。可见，热传导现象是当时各学科的研究热点，在这样的背景下，基于热传导的绝热技术缓慢应用到建筑学研究领域中。

早期建筑绝热材料的应用既不系统，也没有统一标准。冷藏工业领域研究了绝热材料的热传导性能之后，建筑领域才出现了相关应用规范。1932年出版的美国《建筑制图标准》首次涉及建筑绝热材料的构造标准，并随着1936年和1956年的两次改版逐渐系统化。建筑绝热材料工业化生产为绝热技术在建筑能量实践中的大量快速推广奠定了基础。从冷藏工业到建筑绝热技术，强调绝热设计的孤立系统观在技术的支撑下逐步成为现代建筑能量实践的主导[12]。

（3）文化成因

一种科学技术观之所以能付诸实践并被广泛运用，往往与当时的文化背景密不可分。美国在二战前与建筑相关的绝热研究论文中，仅有少量具有科学研究基础，而大量论文强调的是与经济和社会相关的节俭道德观。以19世纪20～30年代绝热材料在建筑中使用的研究论文为例，它们大多关注的是建筑绝热在节约煤炭和减少热损失等方面的贡献。在这一时期，少量具有科学研究基础的热传导论文，淹没在海量基于节约道德观的有关建筑绝热材料的论文中，后者在当时的建筑杂志和产品宣传册中比比皆是。与真正的科学研究相比，这些文章所反映的毋宁说是基于特定文化基础的一种"能量道德"，这种"能量道德"是马克思·韦伯（Max Weber）所说的"新教伦理"与北美"加尔文主义"相结合的产物：虔诚地关注节约及经济得失、热情地避免浪费、反对奢侈。在大行节约的社会浪潮下，建筑师只能依附于有关节约的宣传，开展建筑能量系统的研究和实践。然而一味地追求节约，以及不可持续的、简单的高效率，导致了社会对生态系统整体繁荣的忽视，进一步促成了建筑能量孤立系统观的形成。

以基于热传导的热力学研究为初始因，以源于冷藏工业的绝热技术发展为扩散因，以节约的道德观念为持续因，建筑能量孤立系统观在科学、技术和文化方面的三大成因交织互联下逐渐成熟，长期把控着建筑能量系统实践的命脉。

1.1.3 建筑的能量开放耗散系统观

热力学第二定律说明在孤立系统中，体系与环境没有能量交换，体系总是自发地向混乱度增大的方向变化，总使整个系统的熵值增大，即熵增原理。熵增会导致"热平衡态、寂灭和死亡"。生态系统对抗熵增的方式就是通过开放的耗散结构中远离平衡态的势能形成负熵。耗散结构可以与外界不断进行能量和物质交换，其特征是：远离平衡态的开放系统，通过与外界交换物质和能量，在一定条件下形成新的有序结构。

建筑作为生态系统的一个子系统，通过外围护及基础结构的传热只是建筑系统能量交换的形式之一。建筑内部固有的更大空间和更长时间尺度上的能量交换和耗散，在现代建筑孤立系统观实践中很少被考虑。不同时空范围内能量的波动最终促成了建筑内部热力学的组织逻辑，并支持着具有生命特征的开放耗散系统。生态学家詹姆斯·J.凯（James. J. Kay）和艾瑞克·D.施耐德（Eric. D. Schneider）认为："生命是对耗散梯度热力学规则的一种反应。"建筑正如生命本身一样，是在各种时空范围内存在着、争取以最大功率来消耗有效能量梯度的一种形式（图1-3）。

由建筑、环境和人组成的生态环境网络包含了能量的来源、消耗和散失等生命特征，就像活的有机体一样，该网络构建了建筑全生命周期的能量代谢系统。建筑能量系统可视为整体生态环境网络中的一个子系统（图1-4），它与外部环境交换能

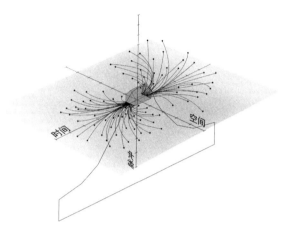

图1-3 建筑是时空中的开放耗散系统
（来源：改绘自MOE K. Insulating Modernism: Isolated and Non-isolated Thermodynamics in Architecture[M]. Cambridge, MA: Birkhäuser, 2015.）

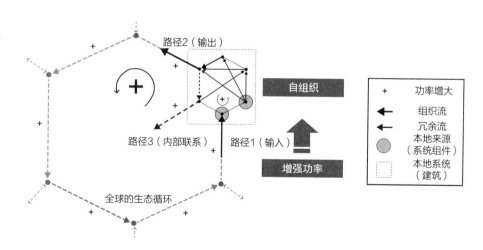

图1-4 生态环境网络中的建筑子系统
（来源：改绘自 Hwang Yi, William W. Braham, David R. Tilley, Ravi Srinivasan. A metabolic network approach to building performance: Information building modeling and simulation of biological indicators[J]. Journal of Cleaner Production, 2017.）

量、材料和信息等生态流，并相应地构建内部能量传递路线[14]：建筑物在环境中组织资源，从外部能源、材料和信息流开始，通过供应链和反馈链的正、反向流动增加自身的有序性积累，并产生熵。因此，建筑的可持续性依赖于人与环境交织在一起的全球系统，自然生物系统和人工技术系统的成功结合才能确保共生富集，从而保证建筑的可持续发展。生态网络的新陈代谢，需要在一个扩展的边界内将环境、建筑与人作为一个整体进行考察。

无论是何种规模、何种层次的系统，其物质流实质上都是各种非能源物质以及煤炭、天然气、石油等能源物质沿着生命周期流动所形成的轨迹。任何系统的碳排放都伴随着能源和物质的利用而不断产生，其背后是不同子系统在进行物质流动，虽然流动的轨迹不同，但是物质流动的网络结构大同小异。在能源短缺和低碳发展背景下，建筑的可持续性依赖于可再生能量的获取和最低限度的环境影响，也依赖于建筑能量系统最大限度地提高能源使用效率[15]。因此，真正的绿色建筑不是一味的节约，而是以增强生态系统的整体繁荣为目标，恰当地消耗资源，并有效地控制其废弃物产生的环境影响。

1.2 研究对象与动态：能量视角下对绿色建筑的反思

1.2.1 绿色建筑的概念

关于绿色建筑中"绿色"的内涵，实际上包含了中国古代取之自然又回报自然的思想，即与环境和谐共生。这一思想早在原始社会"上古穴居而野处"（《周易·系辞下》）、"构木为巢，以避群害"（《韩非子·五蠹》）就有所体现，就地取材而无需运输，构建能够改善室内温度条件等基本功能的空间，从而满足建造者的使用需求。进入工业社会以来，人类发展了改造自然的能力，却对自然环境造成严重的破坏。到20世纪中叶，核战争、物种灭绝、粮食短缺、能源不足等重大问题的浮现，唤起了人们心中绿色可持续的理念。

1962年，美国生物学家蕾切尔·卡逊（Rachel Carson）出版了《寂静的春天》（*Silent Spring*）一书，标志着绿色革命的开始。20世纪60年代，美籍意大利建筑师保罗·索勒里（Paola Soleri）将生态学与建筑学两个字合并为"Arcology"，并结合生态学定义首次提出绿色建筑学的理念。

随着20世纪70年代石油危机的爆发，部分发达国家对绿色建筑的关注逐渐增多，各种节能技术开发和研究也逐步兴起。以澳大利亚建筑师西德尼·巴克斯（S. Baggs）和美国建筑师马尔科姆·威尔斯（Malcolm Wells）等为代表的设计研究者，开始认识到设计和建造节能环保型建筑的重要性，并试图将绿色理念推向建筑设计领域，形成"绿色建筑"的理念。

1992年联合国环境与发展会议中提出的《21世纪议程》，确定了兼顾建筑室外环境与室内舒适健康的绿色建筑研究体系[16]，在国际上形成了基本共识，成为世界建筑发展的方向。1994年，基伯特（Kibert）定义了绿色建筑（Green Building），即基于资源有效利用和生态友好的设计原则的建筑[16]。此后，绿色建筑的概念就随着时代的发展不断变化。国际绿色建筑委员会将绿色建筑定义为一种在设计、建造或运营中能够减少或消除负面影响，并可对人类、气候和自然环境产生积极影响的建筑。美国绿色建筑协会将绿色建筑定义为从建筑材料制作、运输、建造、居住以及拆除环节，都能够尽可能减少对周围环境的影响，并为居民创造更加舒适生活环境的建筑。我国《绿色建筑评价标准》对绿色建筑给出了较完整的定义，即"在建筑的全生命周期中，最大限度地节约资源（节能、节地、节水、节材）、保护环境和减少污染，并能够为人们提供健康、适用和高效的使用空间，与自然和谐共生的建筑。"

尽管在不同环境、气候、资源和经济水平等因素影响下，世界各国对绿色建筑的定义并不完全一致，但都强调了建筑在规划、设计、建造和运营的各个阶段要综合考虑能源利用、使用质量和对环境的影响。因此，"绿色建筑"本质上强调了建筑与自然环境之间的关系，即建筑犹如环境中的一个生命体，应当对环境做出贡献，而不是一味索取。绿色建筑应当成为实现环境、建筑与人之间相互促进与协调发展的一个重要组成部分。

1.2.2 绿色建筑的多元化发展

绿色建筑在历史轴上存在多元化的发展路径，其内涵也在世界范围内被诸多国家的建筑师及学者不断扩展。早在1960年代，人们对环境污染、资源枯竭、生态破坏问题已有初步认识。1969年，保罗·索勒瑞基于绿色建筑学的理念，首次提出生态建筑（Eco-building）的概念[18]。其主要思想是将生态学的原理应用到建筑设计上，将建筑看成一个生态系统，目的是节约资源、保护环境、减少污染，创建一个生态平衡的建筑环境。同年，美国建筑师伊恩·麦克哈格（Ian McHarg）出版了《设计结合自然》（*Design with Nature*）一书，分析了人与自然相互依赖的关系，探讨了以生态原理进行规划和设计的方法。

20世纪70年代，空调、采暖和照明技术通过煤炭和石油等不可再生资源的大量开采而得到迅速发展，人们逐渐依赖于机械电力来满足舒适需求。罗马俱乐部于1972年发表了《增长的极限》（*The Limites to Growth*）提出：有限自然资源无法支持人类经济持续增长，并将迅速耗尽。

20世纪80年代，随着全球生态环境问题加重，节能建筑（Energy Saving Building）开始出现，旨在通过应用节能材料、节能技术、节能设计方法等，降低建筑使用过程中的能耗。发达国家建筑节能技术及其体系日趋完善，节能观念广泛渗透进建筑设计行业。

与此同时，世界环境与发展委员会于1983年提出了"可持续发展"的概念和模式，这一理念也逐渐被引入建筑领域。查尔斯·凯博特于1993年提出可持续建筑（Sustainable Building）理念，其主要指利用可持续发展的建筑技术，使建筑与环境形成有机整体，降低环境负荷、节约资源、提高生产力，在使用功能上既能满足当代人的需要，又有益于后代的发展需求。1993年第18届国际建筑师大会以"可持续发展建筑"为主题，发表了《芝加哥宣言》，并号召全世界建筑师关注环境和社会的可持续性。

20世纪90年代后，绿色建筑发展逐步进入规范化、综合化和国际化阶段，英国、美国、加拿大、日本、法国、澳大利亚等国相继出台绿色建筑评价标准。1999年国际建筑师协会（UIA）第20届国际建筑师大会于北京召开，会议发布的《北京宪章》更加明确了建筑行业的未来发展必须走可持续发展的道路。

进入21世纪，化石能源燃烧等生产活动对生态系统正常碳循环的破坏日趋严重，全球变暖成为当前人类生存面临的最严峻挑战[19]。低碳建筑起源于2006年，是英国建筑项目对2003年提出的低碳经济的具体应对，提出建造在全生命周期中减少资源和能源消耗、实现降低二氧化碳排放的建筑。其内涵是将建筑全生命周期的二氧化碳排放量作为评价建筑的指标（图1-5）。

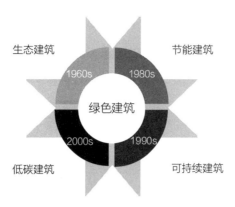

图1-5 绿色建筑的多元概念

随着各国节能减排政策的不断推进，人们对绿色建筑的关注开始向低碳方向转型，近零能耗建筑、零碳建筑、产能建筑等多元化的概念层出不穷。"近零能耗建筑"是针对建筑能耗提出的高标准的节能建筑，是绿色建筑进一步发展的形态，指在建筑一般的节能设计基础上，采用保温隔热性能和气密性能更高的围护结构，以及高效新风热回收等技术，最大程度利用太阳能及其他可再生能源来满足建筑能源需求，以更少的能源消耗提供舒适的室内环境，并能满足绿色建筑基本要求[20]。"零碳建筑"是以最终的碳量清零为导向，强调建筑围护系统的节能指标、可再生能源的利用以及全生命周期的零碳化，并在不消耗煤炭、石油、电力等能源的情况下，全年能耗由场地产生的可再生能源提供的建筑[21]。"产能建筑"是指年能源需求及终端能源需求均为负数，同时其他方面满足建筑节能条例（EnEV）①要求的建筑[22]。

世界各国还建立了各自的绿色建筑评估体系，并逐步将重心转向建筑的低碳化，实现绿色建筑设计与应用的发展。英国于1990年率先推出了世界上第一个绿色建筑评估体系（Building Research Establishment Environmental Assessment Method, BREEAM），其优势在于对建筑全生命周期环境影响的考察，建立了"生态积分"（Ecopoints）的概念。随着英国2050年碳中和目标的确立，建筑师将研究重心由绿色建筑与生态建筑转向低碳建筑，经历了"能源自维持"住宅向高技派低碳建筑的转型，并进一步展开了诸如降低公共建筑碳排放、升级供暖系统等"绿色工业革命

①　EnEV，德国节能规范，德语全称为：Energieeinsparverordnung。

计划"[23]。20世纪末，美国为提高建筑环境和经济特性，制定了一套绿色建筑评价标准（Leadership in Energy and Environmental Design，简称LEED）并不断进行修订升级，从建筑全生命的视角对建筑整体的环境性能进行评估，为绿色建筑提供了明确的构成标准。随着早期"近零能耗建筑"的战略目标向"近零排放建筑"的转型，美国提出了"零碳排放行动计划"（Zero Carbon Action Plan，简称ZCAP），并针对建筑业提议了一项新的建筑能源法规（National Energy Code for Buildings，简称NECB），以助力实现零碳建筑目标[24]。日本针对绿色建筑设计，制定了建筑物综合环境效率评价体系（Comprehensive Assessment System for Building Environmental Efficiency，简称CASBEE），侧重对建筑环境的考量，"建筑环境效率"的提出将建筑环境分成"建筑物环境质量与性能"（Q）和"建筑物的外部环境荷载"（L）两部分，评价结果采用比值的方式（Q/L），使建筑环境性能的质与量建立了联系，体现了通过最小环境荷载达到最大舒适性改善的思想[25]。低碳导向下，如今日本正经历"节能→蓄能→创能"的绿色建筑转型，拟在2050年实现住宅和商业建筑的近零碳排放。转型的重点任务包括制定用能和节能制度，利用大数据、人工智能、物联网等技术实现建筑用能的智慧化管理，太阳能建筑一体化技术的研发和部署等[26]。

绿色建筑在我国的讨论，始于20世纪90年代末。西安建筑科技大学的"绿色建筑研究中心"首次提出了相对完整的"绿色建筑体系"概念[27]，指出"绿色建筑体系是由生态环境、社会经济、历史文化、生活方式、建筑法规和适宜性技术等多种构成因子相互作用、相互影响、相互制约而形成的综合体系，是可持续发展战略在建筑领域中的具体体现。"2006年，我国正式颁布了《绿色建筑评价标准》，并于2014年对其进行了完善和修订[28]。绿色建筑评价标准涉及建筑全生命周期，综合考虑了资源、能源、气候、材料、建筑、区域环境的系统整体，以及经济、文化和精神等人类活动的各个方面，具有整体性、综合性和系统性的特点。在评价标准的引导下，建筑师可以结合数字技术来模拟各种环境因素下的建筑状态以为整体的建筑环境系统的设计提供参考方法[29]。

总体而言，国内外绿色建筑的内涵基本都是从建筑节能起步，伴随着可持续发展理念，逐步扩展到资源节约、室内环境改善、居住舒适性与安全性提高等方面，形成了符合低碳可持续发展要求的设计理念和技术规范。其核心仍然是通过不同的设计策略协调建筑、环境与人之间的关系，营造生态可持续的人工环境。

1.2.3 能量视角下的绿色建筑

能量视角下，存在于客观世界中的绿色建筑亦可被看作是一种物质组织，由组织中要素的秩序控制空间中的能量流动，并依此平衡与维持此组织的形式。这为建筑学的自主性重建以及绿色建筑的发展提供了一个全新视角，使建筑师有机会在可持续语境中重获话语权，通过重新思考能量流动、气候应对、感知与体验、环境性能与建筑本体之间的相互作用，以求打破现代主义以来封闭隔离的建筑形式壁垒[30]。建筑师对能量的关注，已逐步引领着建筑学实现从"形式追随功能"转变至"形式追随能量"的新范式[31]。

将能量研究应用于建筑领域的基础源于系统科学的发展。系统科学视角下，绿色建筑可视为一个开放的能量系统，以物质流、能量流和信息流的动态表现形式在系统内部以及系统和环境之间进行着能量交换。通过对各种能量流的研究，可以分析建筑能量系统的运行机制。能量视角下，建筑设计过程可视为建筑与环境之间各种能量流的构建和优化的过程。因此，物质、能量和信息是构成当今建筑学体系的基本要素与重要线索。基于此，建筑师在能量视角下的研究可以适应不断被扩展的绿色建筑内涵。无论低碳导向还是节能导向的绿色建筑设计，建筑师都能通过将能量循环、物质代谢与信息协同共同纳入对建筑能量系统的考量中，不断推进绿色建筑与环境可持续性发展、共同发展的进程。

1.2.4 能量视角下的绿色建筑研究动态

巴克敏斯特·富勒（Buckminster Fuller）自20世纪40年代绘制世界能量地图，开启了对能量可视化及社会可能性的思考。20世纪50年代，奥戈雅（V. Olgyay）兄弟出版的《设计结合气候》（*Design with Climate*）一书首先将能量研究与建筑设计结合，关注到建筑设计与气候、人体热舒适的关系，提出了"生物气候图标"（Bioclimatic Chart）和"生物气候设计"（Bio-climatic design）的原则与方法（图1-6）。理查德·斯坦（Richard Stein）对"建筑能量"的研究展示了在当时工具条件下的建筑图景。

雷纳·班纳姆（Reyner Banham）在其1969年的著作《可控环境中的建筑》（*The Architecture of the Well-tempered Environment*）中第一次对建筑这一"体外造物"的

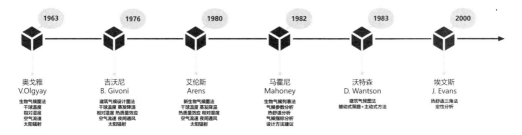

图1-6 生物气候设计发展图解

环境控制进行现代主义时期的理论性总结，从环境控制的角度，展示了当下建筑师面临的新问题并延续至今。哈佛大学伊纳吉·阿巴罗斯教授（Inaki Abalos）在其著作《高层混合原型中的热力学应用》（*Thermodynamics Applied to High-rise Mixed-use Prototype*）中提出了"热力学内体主义"系统的概念，也就是生物的一种通过物质与能量的演变来保证身体运作，并同时避免熵减（entropy reduction）的进程。以鸟类为例，它们通过翅膀飞行，并通过喙来捕猎与进食昆虫；它们的消化系统将捕捉到的昆虫所具有的能量转化用于其他的动作，从而进行更多的飞行以及狩猎更多的昆虫，这是一种回馈式的过程[32]。他还提出热力学建筑理论，通过数值模拟、能源利用与材料创新等方面，构建了"形式生成"与"能量流动"的关联，为以能量为核心的建筑设计方法的创建提供了理论基础。伊纳吉·阿巴罗斯认为，对能量与热力学建筑的关注，代表了当前建筑设计认识论转变的最前沿也是最重要的方式之一。在诸多当代的研究中，均将能量学提升到一个重要的高度，并启发了以能量促成的建筑类型与形式的新突破[33]。

清华大学的宋晔皓教授依托整体生态观和系统观念，提出建立整体生态建筑观：类比生态系统中的能量和物质材料流动，追溯建筑系统中的每一个元素的来源和流动的路径，寻找周围建筑和整体生态系统之间合适的关系，为能量视角下的绿色建筑设计研究奠定了基础[34][35]。同济大学的李麟学教授对热力学建筑理论进行了引进与发展，提出在能量流动与形式生成的基础上重构建筑类型、形式与范式，将能量引入建筑的形式生成，解析了建筑的能量本质，奠定了建筑能量研究的基础[36]。天津大学的孔宇航教授以能量流动的视角解读一系列经典建筑作品，从壁炉形式演变的研究出发，展开对阳光、风以及设备空间在建筑中的形式研究，归纳其形式生成与能量流动的内在关联，并提出能量形式是未来建筑[37]。东南大学的张彤教授以生物气候学的视角重构建筑与气候、形式与能量相互作用的目的、过程与机制，定义由外部能量系统、建筑调控系统、人体反应系统组构的热力学环境，并从生物气候建造到热力学模型的提出，探索环境调控建筑学语境下建筑形式生成的范式[38]。

系统研究方法也在很早就有相关研究初步涉及。1972年，H. T. 奥德姆（Howard Thomas Odum）首先将热力学定律拓展到生态学领域，研究生态系统的能量并借鉴 R. L. 林德曼（R. L. Lindeman）的营养动力学将能量网络和转换层级结构确立为开放热力学系统研究的原则，形成了系统生态学。系统生态学以能流为主线，基于能值分析方法研究了生态系统的组分、结构、功能关系及过程机制[39]。在此基础上，基尔·莫（Kiel Moe）指出了建筑中能量分析研究的外在性、片段性，探讨了物质和能量在设计中的协同性与复杂性，提出应以能量摄入、利用、反馈最大化为目标，合理组织建筑复杂系统中的物质材料与能量流动[40]。美国宾夕法尼亚大学教授威廉·W. 布雷厄姆（William W. Braham）的《建筑学与系统生态学：环境建筑设计的热力学原理》（*Architecture and System Ecology: Thermodynamic Principles of Environmental Architecture Design*）一书全面系统地分析了建筑中的能量流动，并为环境建筑设计方法的构建提供了方法论基础，是将系统生态学基本原理与建筑的能量分析及设计方法相结合的成果，在一定程度上弥补了建筑学领域该研究的不足[41]。以威廉·W. 布雷厄姆和基尔·莫为代表的学者将建筑视为具有能量层级结构的生命和非生命网络交织在一起的开放生态系统，在较为全面的环境视野中，通过反馈调节优化系统的能量层级结构，进而争取最大的能量输入和功率，形成了建筑能值分析方法。建筑能值分析方法主要应用于建筑能量系统网络的初步分析中，为具有实际操作性的建筑能量系统研究方法的创立做了初步探索[42]。山东建筑大学的郑斐从科学、技术和文化方面探讨了现代建筑能量实践中孤立系统观的三大历史成因，并结合系统生态学理论和能值分析方法，探讨了开放的建筑能量系统的分析和评价方法[43]。

1.3 研究方法与创新：建筑能流网络概念的提出

1.3.1 网络分析方法

网络分析是整合了复杂网络理论、方法和应用的一种研究范式，已在自然科学、社会和人文科学领域得到广泛运用。网络分析可以帮助研究者观察网络节点或连边的关系与运行模式，从而探索网络全局的组织架构和演变规律[44]。在人文研究中，学者们已经从文本、图像、音频等大规模数据中，抽取关系数据构建复杂网络，网络中的节点代表各种实体，边代表实体间的关系。节点和边均可附加属性，如与节点相关的地点、时间等信息可作为节点属性，节点之间的紧密程度可量化为边属性，而边的方向性则说明了信息的传播指向。网络分析较为成熟的研究首先追溯到巴拉巴西（Albert-László Barabási）等于1999年在《科学》（*Science*）期刊上发表的《随机网络中无标度的涌现》，其中所提出的真实网络的无标度网络模型，通过分析网络本身的性质研究系统的演化[45]。网络分析法被认为是21世纪以来从本质上研究复杂系统、解决复杂问题的最为基础和科学的方法，从对生命现象的复杂性研究到社会经济系统中的规律挖掘，网络分析的应用几乎覆盖了自然界与人类社会最普遍的物理系统。这种网络建模的思想，可以帮助学者将散落在多张表、多个库中的数据连边起来并予以整合，以一种全局的思想观察并分析实体关系和社会行为的预设模式与规则。

本研究尝试利用网络分析方法，抽象出复杂建筑系统中具有结构性意义的节点与连边，赋予不同的信息属性，构建绿色建筑的能流网络，并从网络结构与特性剖析建筑能量系统的运行规律，形成绿色建筑设计策略。

1.3.2 环境、建筑与人的开放能流网络

建筑作为整体生态系统中的一个组分，系统性是其根本属性。建筑作为人类满足生活需要、承载生活方式的物质与能量形式，是环境与人之间的中介系统，也是一种具有生态系统生长和发育特点的人工系统。研究建筑能量系统的关键就是架构出系统的"骨架"——建筑能流网络。

作为人类自上而下的环境改造工具，建筑在营造舒适室内外环境的同时，不可

避免地影响和改变了整个生态环境，其自身的运行也受到整体生态系统的制约。环境恶化与能源短缺的问题已经成为人类社会普遍性的政治和社会议题，建筑作为全球能源消耗的重要部分与实现低碳经济的关键对象，也受到了越来越多的关注。

司马贺（Herbert A. Simon）在《人工科学——复杂性面面观》中指出："人工物集中在内部环境与外部环境之间的界面上，它是通过使用内部环境来适应外部环境。研究人工物就是要关注手段对环境的适应是如何产生的，而对适应方式来说，最重要的是设计过程"[46]。由于整个生态系统的可持续发展是推动人类社会向前的总动力，因此，如何通过科学的设计策略助力绿色建筑这一生态子系统，实现整体生态环境的可持续性是建筑师当前亟需解决的问题。另一方面，人类在建筑中的活动类型、活动方式等，正随着环境的不断变化以及人类对生活品质日益增加的需求，变得更加复杂和多样。

因此，本书试图站在一种非线性、开放的视角下，将绿色建筑的可持续性置于人与自然交织在一起的环境、建筑与人的开放能流网络的语境之下，通过提出环境、建筑与人的能流网络概念，并引入巴拉巴西和艾伯特（Réka Albert）等学者的网络研究方法，为建筑能流网络的研究提供范式，使建筑内化于整体环境系统中，同时关联人居环境的健康发展。通过网络特征分析，构建环境、建筑与人的开放能流网络模型，确定建筑能流网络的基本类型。基于乌拉诺维奇（Ulanowicz）的信息指标和H. T. 奥德姆的能值评价指标，总结了适应于建筑能流网络的可持续性评价指标体系，从而形成了建筑能流网络的评价方法。基于优化网络流量和存量关系、网络反馈回路、网络在时空中的延迟效应三种方式，提出能流网络的优化路径，并基于能流网络的优化方法，研究绿色建筑设计与能流网络的组织机理，指导绿色建筑设计策略的生成。

1.4 小结

本研究在总结前人对建筑能量本质分析和建筑能量系统研究的基础上，将更具可视化、可操作性的网络分析方法纳入能量建筑学的研究体系中。借助网络分析的方法研究绿色建筑能量系统，初步建立能量视角下的绿色建筑设计研究方法。

第2章

绿色建筑能流网络研究的科学基础

本章基于热力学原理、系统生态学理论与网络研究方法，阐释绿色建筑能流网络研究的理论基础。

热力学原理是人们理解绿色建筑系统作为开放耗散系统的前提。17世纪末到19世纪中叶，人们一直基于"热质"对热进行解释。直到能量守恒概念的出现，将经典力学领域的机械能守恒引申到了热能，并为热力学理论的确立作好了准备。随着复杂性科学的诞生，热力学研究又由经典的平衡态热力学向非平衡态热力学大步发展，并影响至包括建筑学在内的多个研究领域。

系统生态学是现代生态学的一个分支，是系统理论与方法融入生态学的成果，能够帮助我们理解绿色建筑系统中的组分、运行机制及发展目标。本章第2节将通过阐述系统理论的发展、概念、类型及特征，梳理出与系统生态学发展相关的内容，并通过介绍洛特卡、林德曼、奥德姆等不同领域学者的贡献，厘清系统生态学的基本原理，为研究绿色建筑能量系统的运行规律与发展目标奠定理论基础。

网络研究方法是研究系统结构和性质的基础，也是理解系统功能并依据其不同的发展目标实现自我优化的关键。其中，复杂网络分析法作为网络分析法的一种，因其服务于复杂多变的自然学科研究而得名。本章第3节将通过总结哥伦比亚大学教授瓦茨（Watts）、美国东北大学教授巴拉巴西等学者对复杂网络分析的研究介绍复杂网络理论，并通过剖析建筑能量系统的特性，提出建筑能量系统的网络分析方法。

2.1 热力学原理

能量相关理论在19世纪到20世纪初的迅速发展，使热力学基本定律得以完善和理论化，标志着热力学作为一门学科的正式诞生。近年来，基于能量与热力学原理的绿色建筑研究逐渐成为国际建筑学界热议的前沿话题。作为研究宏观体系各性质间关系的理论，热力学能够阐明由大量微粒组成的体系所表现出来的整体行为，对于理解人类所在整体生态系统的运行机制有极大的帮助[47]。

在实践经验和物理实验的基础上，物理学和物理化学逐步建立和补充完善了热力学的四条基本定律[48]。热力学第零定律作为温度的定义和热过程发生的判别条件最晚被提出，是热力学三大定律的理论基础，其表述为"如果两个热力学系统中的每一个都与第三个热力学系统处于热平衡，则它们彼此也必定处于热平衡"[49]。热力学第三定律由能斯特（W. H. Nernst）通过实验和验算所得出，表述为"不可能通过有限的循环过程，使物体冷到绝对零度"，即绝对零度不可能达到[50]。

热力学第一定律为能量转化和守恒定律，其表述为"做功和热传递都可以改变系统的内能，当这两种方式同时存在时，系统内能的增量等于在这个过程中外界对系统所做的功和系统所吸收的热量总和"。热力学第一定律告诉我们能量是守恒的，既不会被创造也不会被消灭，意味着它会从一种形式转化为另一种形式。对于人类所在的全球生态系统而言，人类正在使用的一切资源都可以被视为能量在生态系统中的流动与循环，这印证了生态系统中能量流能够决定整体生态系统的发展和各子系统特征的事实。

热力学第二定律是随着热机效率的研究而逐步完成的，具有不同的表述形式。开尔文（Lard Kelvin）将热力学第二定律表述为不可能从单一热源吸收热量，使之完全转变成功而不产生其他影响；而克劳修斯表述为热量不可能从低温热源传送到高温热源而不产生其他变化。热力学第二定律实际就是熵增定律，该定律表明熵的存在、热能完全转化为机械能的不可能性及自然界一切自发过程将不可逆地转化为熵[51]。从宏观的角度来看，熵增是一个不可逆的过程，熵增在不断持续，在没有外界输送能量的情况下，总混乱度会越来越大。因此，对于一个动态结构或耗散系统，它们会产生和输出熵到周围环境中，以减少自身内部的熵，这是生物和生态系统容易识别的一个特征，有赖于以食物形式存在的低熵资源的稳定流动。生物体同样需要从自然界中摄入额外的能量，才能维持生命系统的运行，除了这种捕获能量的行为，生物体还会对能量进行适当的组织。熵增定律为我们理解和实现从做功和效率的热力学到生命和秩序热力学的转变提供了可能，这也是通向生态形式设计的关键一步。

如果说，热力学中能量转化和守恒的第一定律是自然界的普遍法则的话，第二定律则描述了我们整个自然生态系统的运行机制，即地球生态圈无时无刻不在直接或间接地消解着来自太阳的能量，在这个能量转化过程中，人类和自然界逐渐建立了秩序，这便是一个持续熵增的过程。正如生态学家尤兰维奇（Robert E. Ulanowicz）所说："和所有其他处理耗散系统的学科一样，生态学没有违反第一定律，它只是没有告诉我们系统是如何运行的，而那才是非常有趣的。"热力学第二定律便揭示了背后的机制。

热力学将宇宙解释为系统与环境的关系，根据伊利亚·普里高津（Ilya Prigogine）的观点，建筑作为一个"开放的非平衡系统"，是一个热力学"耗散结构"。在人类社会赖以生存的地球生态圈中约98%的能量来源可以追溯到太阳辐射能，其他来自地热能和潮汐动能[52]。入射太阳能每年为地球提供16万太瓦的㶲（exergy，即有效能）[53]，与之相比，人类一年大概只消耗16太瓦的㶲，大量的能量被无谓地耗散掉了。这消耗的16太瓦的㶲中，部分被用于推动陆地上各式各样的进程，另一部分被储存到物质当中或是被耗散掉以使一些系统远离平衡状态。太阳给予我们的能量就像一条永不停歇的大河，任何一个热力学系统，如建筑、城市、生态系统以及生命体本身，都旨在以最大功率——最大的量、最快的速度和最强的反馈来流通并转化能量[54]，从而通过这种物质与能量转换的新陈代谢方式实现自身系统的可持续发展和多样性。换言之，建筑这一耗散体以最大化的能量交换和熵的维持为特征，必须在一个整体的热力学系统中加以考量。

因此，建筑能量系统设计是以热力学非平衡态系统为主导、产生最大熵的设计：从有效能中获取、转化，最大限度地提取有用功，并以最低的能级水平辐射剩余能量[50]（图2-1）。如何以最佳方式调节有效能（㶲）的耗散和降解的相对速率是建筑设计中的根本任务，其推动建筑更趋向于开放的、远离热力学平衡态的系统。

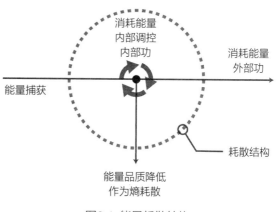

图2-1 能量耗散结构

2.2 系统生态学

2.2.1 系统理论

（1）系统理论的发展

20世纪40~50年代，系统论处于发展初期，以欧氏几何、牛顿力学等为代表的经典科学在科学、文化及社会各领域的主导地位逐步动摇，并渗透至一般系统理论中，成为系统论的组成部分。具有生物学背景的L. V. 贝塔朗菲（L. Von. Bertalanffy）在1932年发表的文章中提出了系统论思想。他认为传统的还原论难以应对自然生物中动态关系的研究，进而转向寻找一种自组织的、更高阶的复杂概念，于是在1946年发表"通用系统理论"（General System Theory），讨论了系统与外界环境之间的互动与层级关系。随后在综合梳理各领域中系统思想及应用方法的基础上，于1968年出版《一般系统理论：基础、发展和应用》（*General System Theory: Foundations, Development, Applications*），明确了一般系统论的学科地位[55]。

从根本上说，系统论强调的是系统中不同组成要素之间的关系以及相互作用，即系统的结构。在系统论思想的影响下，不同领域的学者都开始从系统论的角度来思考自然和人类社会之间的关系，作为复杂性科学的起点，其重要性不言而喻[56]。

诺伯特·维纳（Norbert Wiener）和克劳德·艾尔伍德·香农（Claude Elwood Shannon）在系统思想的影响下分别在控制论和信息论的形成方面做出了奠基性贡献[57]。由此，一般系统论形成了以系统论、控制论和信息论为核心，强调系统不同层面特征的理论（图2-2）。控制论通过建立一种反馈机制，使系统具有自适应性。系统的运行通常具有目的性，系统的任何有效行为都与其他系统或者外界环境之间的信息传递有关，其通过反馈进行自适应和自组织[58]（图2-3）。在信息论中，信息意味着不确定性的降低或者确定性的增加，因此可以通过计算不确定性的减少程度来衡量信息的多少。和热力学中的热熵有所不同，热熵用于表示分子无序性程度，而香农提出的信息熵（Entropy）则用于描述信息量的大小或描述信息的不确定性程度[59]。因此，信息论设计的目的即优化信息在工程控制系统中传输的反馈机制，从而使得系统达到平衡状态[60]。近年来，信息论以及与信息论相关的拓展概念逐渐被应用到各类复杂系统的分析中，不仅可以用于刻画子系统间的耦合作用，有效地

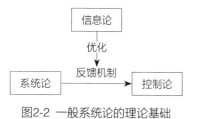

图2-2 一般系统论的理论基础

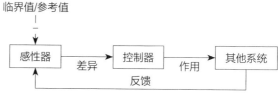

图2-3 具有反馈机制的控制论循环
（来源：改绘自：何宛余. 给建筑师的人工智能导读
[M]. 上海：同济大学出版社，2021.）

探索系统的非线性特征，还可以描述系统内部结构变化情况以及挖掘系统中的关键子系统等[61][62]。

在一般系统论的思想方法的指导下，20世纪科学的发展取得了巨大成功，建筑师也在系统论和控制论等思潮的影响下，有了回应复杂现实的理论基础。

进入20世纪70年代，计算机的产生与发展加速了人类认识世界的能力，系统的自组织、非线性动力等理论被相继提出，系统研究开始真正触及复杂性。通过对开放系统非平衡态热力学的研究及其时间维度的思考，1969年，伊利亚·普里高津提出耗散结构论。1972年，法国数学家雷内·托姆（Rene Thom）基于自然系统的突变现象提出了突变论。1973年，赫尔曼·哈肯（Hermann Haken）基于对激光系统中协作现象中规律产生的深刻洞见创立了协同论。1970年代后，逐步展开了以耗散结构论、突变论及协同论为代表的复杂系统科学研究。与20世纪50～60年代以统计学为基础、注重系统功能线性叠加的研究方法不同，这些科学采用构建模型、随机统计分析等定性与定量相结合的方法对系统进行研究[63]，更加注重系统的演进、涌现及其随机性、非线性的特征，从本质上突破了经典科学的局限[64]。1980年代后，复杂性科学的各种分支得到广泛传播，并渗透到各学科领域，成为科学和文化研究的显性思维范式[65]。系统科学与复杂性研究已成为21世纪基础科学发展的一个重要方向[66]。由于复杂性科学的一些基本原理同时也是系统自然发展演变的普遍原理，依据这些原理来调节的人工系统也具有与自然融合一致、协调发展的生态意义。

（2）系统概念、类型及特征

奥德姆对系统的定义是："各种组成部分相互作用，表现其特性的整体就叫作系统，可以形成系统套系统的复杂层级结构"[66]。系统并不是一些事物的简单集合，而是一个由一组相互连边的要素构成的、能够实现某个目标的整体。任何一个系统都包括三种构成要件：要素、连边、功能。

　　研究系统如何稳定且高效运行需要理解系统的动态运行机制。存量、流量和反馈回路是研究系统动态演化的三个基本概念。系统的运行是各种存量、流量和反馈回路的相互关联作用的表现（图2-4）。

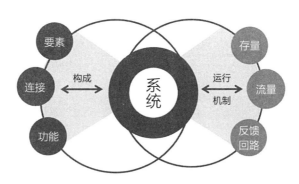

图2-4　系统的构成要素及运行机制

　　存量、流量分别对应系统构成概念的要素和连边，系统的存量是网络节点中各要素的统称，是在任何时刻都能观察、感知、计数和测量的储存量、数量或物料、信息在一段时间内的积累量。系统的流量是网络节点间连边中所流经的能量在一段时间内改变状况的统称，流量通过一段时间内连边状况的改变可以影响存量。反馈回路是连边要素间的因果关系链，其任一要素的行为都受关系链中其他要素的影响。反馈回路包括增强回路和调节回路，增强回路具有自强化行为，使系统偏离初始状态越来越远；调节回路具有自收敛行为，努力把系统拉回到原来的状态使系统维持动态平衡。

　　系统按照与周围环境的关系，一般可分为孤立系统、封闭系统和开放系统3种基本类型（图2-5）。孤立系统是与外界环境既不发生能量交换也不发生物质交换的系统，只是抽象地存在于人们观念中，整体宇宙系统可被视为孤立系统。封闭系统是指与外界环境只发生能量交换，而不发生物质交换的系统。某些建筑物或其部分在特定时间内通常只发生能量交换，可理想地视为封闭系统。开放系统是指与外界环境既发生物质交换也发生物质交换的系统。大多数的自然环境、城市与建筑系统都是开放系统[67]。系统边界不一定是有形和稳定的，它由研究目的划定，是各种物质和能量交换发生的地区域。基于系统类型的划分，热力学定律阐释的是孤立

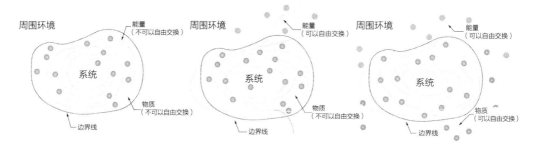

图2-5（从左至右）孤立系统、封闭系统、开放系统图示
（来源：改绘自SRINIVASAN R, MOE K. The Hierarchy of Energy in Architecture[M]. New York: Taylor and Francis, 2015.）

系统的一般发展规律，不是与外界发生能量和物质交换的开放或封闭系统的主要发展规律。

系统通常具有自组织性、层次性、开放性的属性，并表现出以下主要特征。①自组织性（self-organization）体现在系统具有塑造自身结构、生成新结构、学习、多样化、复杂化和进化的能力。系统内部通过个体变异与系统选择，不断自发地完善组织结构和运行模式，从而提高系统本身对外部的适应能力，实现系统进化。在复杂系统的自组织过程中，个体变异是不断出现的，这为系统引入了新的不稳定个体（非线性关系），使其远离动态平衡；系统选择则将那些更适应于环境的个体留下，使系统向动态平衡发展，形成有序结构。②层级性（hierarchies）体现在一个大的系统中包含很多子系统，一些子系统又可以分解成更多、更小的子系统，系统和子系统的这种包含和生成关系，被称为层次性。系统的层级性来源于系统内不断重复的涌现（emerge）现象——局部结构涌现出整体结构，由此产生的整体结构会涌现出更高层级的整体结构。层级性反映了系统中宏观与微观的有机联系，是微观行为展现的宏观效应。③开放性（opening）系统不断地在与外界环境进行着物质、能量和信息的交换，从而形成负熵流，推动系统形成有序结构。其中，新的信息从不断涌现出的新结构中产生，成为负熵流的组成部分，促使系统形成更高层级的有序结构[68]。

总体而言，系统强调的是在了解系统内各元素之间连边关系的基础上，对整体动态行为的认识，关注整体与部分的关系。从这个意义上，系统论是还原论和整体论的有机结合和辩证统一，它并非割裂地、局部地、静态地看待问题，而是关联地、整体地、动态地审视问题，是从根本上解决复杂问题的方法论。

2.2.2 系统生态学基本原理

系统生态学作为现代生态学的一个分支，是系统理论与方法融入生态学的成果。它基于"生态系统"概念，系统研究生态系统的组分、结构、功能关系及过程机制，延续并拓展了热力学定律在生态系统中的应用，架起了物理学与生物学之间的桥梁。系统生态学是H. T. 奥德姆基于生态系统的开放耗散结构特征，在热力学定律的基础上形成的以系统最大功率原则、能量层级转换、物质浓度转换、信息反馈增强为理论基础，并以能值分析为核心方法研究复合生态系统中能量流、物质流和信息流的层级模型建构，并对各种流交互作用进行模拟分析的新兴学科。作为科学探究模式，系统生态学的一个核心特征是能量规律在不同尺度上的普遍应用。

热力学定律是将孤立和封闭系统作为主要研究对象所作出的结论，但现实的自然生态和人类社会系统为开放系统。因此，H. T. 奥德姆在热力学定律的基础上，深入考察和研究了各种类型的生态系统，为热力学定律追加了三条原则。①洛特卡–奥德姆（Lotka-Odum）原则：自组织系统随时间发展趋向以最大功率为选择目标。②林德曼–奥德姆（Lindeman-Odum）原则[54]：随时间发展，自组织系统为了实现最大功率而出现能量转换层级结构的林德曼–奥德姆原则[54]。③与能量转换层级结构紧密耦合的、在不同时空尺度上脉动和循环以实现最大功率的物质浓度层级结构原则[69]。这三条原则拓展了热力学定律，更加符合生态系统和建筑物与环境组成的开放系统的特性。

（1）最大功率原则及其表现形式

功率是做功或能量消耗的速度，指单位时间内通过系统的有用能量流的数量；最大功率指在系统自组织过程中，在系统的成熟发展阶段中能量摄入和转化的最大化。洛特卡（Lotka）认为：环境选择的原则适用于任何转化可用动力和产生变异的凝聚性系统，从无生命的化学反应到有机生命和人类技术。他提出了最大功率原则可以是热力学的第四定律，是"稳定形式的持久性"中的一般原则[70]。他给这一原则增加的说明是：可用资源（物质和能量）充裕时，才能通过扩大规模、增加能流来实现最大功率；当资源匮乏时，增加能量效率可以最大化功率[71]。随着时间的流逝，那些成功存活下来的往往是那些效率较低但耐力更强、复杂且有层次的动植物组合。这些效率较低的组合极大地增加了生态系统中的资源流动，而这绝不是通过最小化可用能量取得的，相反，是通过最大功率实现的[72]。分析这种形式的能源交换，可以得出食物链本身遵循了生态系统组织的热力学原理。

H. T. 奥德姆观察到客观世界的生动现实验证了上述观点：任何生态系统和人工过程都不能以他们期待的最高效率运行，自然系统中存在牺牲效率以获得更多功率输出的一般趋势。H. T. 奥德姆列举了各种能量使用效率以及自然和技术先例，证明最大功率发生在中间效率水平。因此，在可用能量丰富的环境中，自组织系统牺牲效率以获取功率；而在能量匮乏环境中，提高效率便成为行之有效的对策。能量效率是所做的有用功与投入的有效能（㶲）之间的比值，在建筑中通常意味着以最小的能量投入来做同样的功。在建筑系统的能量发展中，往往过度关注系统的能量效率问题，对能量效率的强调通常会导致建筑系统最小化能量数量的投入和子系统的效率优化，这不仅违背了最大功率原则，各个子系统间相互抵消和冲突，也使系统整体无法达到最优化。

开放系统视角下，对于系统的发展而言，没有简单的限制，只有复杂的转换阈值。系统的能量层级转换可以随着时间的推移而发展并取得成功，原因是实现了有用能量流动的最大化，这形成了自组织系统的第五个原则[73]。如果最大功率原则称为自组织系统的选择目标或"终极因"，能量层级结构则是一种"形式因"，即系统在可用能源条件下的一种演化组织形式。正如林德曼所论证，可以通过跟踪能量交换链理解、绘制这些层级结构，但H. T. 奥德姆意识到：可以通过跟踪每个后续层级消耗的累积能量，指示其在生产层级内的价值或质量。随着人类生活水平的提高，电能的使用越来越普遍，这种趋势表明了随着人们获取能量的技术进步，建筑系统能量层级向高能值、环境友好方向转换升级。这增大了建筑系统的整体能量流动，也验证了系统发展的最大功率原则。

H. T. 奥德姆认为，物质浓度的释放和再生循环是能量流的另一种最大化策略，是物质形式对环境适应性的重要原则[74]。能量循环和物质代谢是密不可分的，在自组织系统中，物质将按照追踪能量转换层级结构的浓度和强度层级进行组织。我们可以通过追踪单一材料（例如铁元素）的浓度来理解物质浓度的转换策略。例如，地球生物圈中的大部分铁元素浓度是弥散的，但是通过地质和生物循环消耗的能量将少量的铁聚集在浓缩的混合物——矿石中，随着耗费更多能量的开采和提炼行为，进一步强化了铁的物质浓度。可见，物质浓度的每次增加，都需要更多的能量。一些物质浓度变高便会产生更高浓度和能值的物质浓度层级结构。能量层级的转换与物质浓度的转换紧密相关，这种相关性有助于分析建筑物中物质和燃料之间的相互作用，除此之外，城市中心高浓度与郊区低强度土地使用之间的相互作用等，都可以通过物质浓度的转换原则来检测。

（2）能量系统的演化规律

霍林（C. S. Holling）在其20世纪80年代首次出版的《适应性循环》中表明，生态系统发展经历"开发、保存、释放和更新"四个特有阶段[75]，并解释了系统能量发展中的最大功率、能量层级转换、物质浓度转换三个原则，以及实现该原则离不开信息的反馈增强。①能量系统在自组织过程中，由于低品位能量的利用与可再生能源生产的不稳定性，须加强能量供需的动态管理与调控，从而稳定特性情景下最大功率的状态。②能量系统在特定条件下，通过突破能量层级间复杂的转换阈值，可以实现最大化有用能量流动的演化组织形式。能量层级转换机制通过增强低品位能量的利用率，实现不同品位能量的梯级利用，从而实现最大功率的目标。③物质能量系统随着浓度的每次增加，更多的能量需要被投入进来，同时一些物质浓度会变高，并产生更高浓度和能值的物质的层级结构。物质浓度转换原则说明了物质浓度层级的提升往往伴随反馈物质代谢与能量循环中隐性的能量损耗。④能量系统会以自组织形式反馈环境信息进而不断优化自身能量结构，从而增强系统功率。最大功率、能量层级转换、物质浓度转换三原则的实现均需以信息反馈增强为基础，突破单一的能量管理壁垒，实现自身能量系统结构的优化。

最大功率、能量层级转换、物质浓度转换三原则也使得更高效的建筑设计在当下的社会和环境中成为可能。人类对环境问题的追问从稀缺个体的效率目标转移到生态系统的整体生产力，这一变化将改变人们对绿色建筑设计本质的认识。

（3）能值分析方法

能值是H. T. 奥德姆为追踪能量流动、划分能量质量和突破各种性质有效能流、服务流、经济流等之间不可统一度量的壁垒而创立的概念，它是系统生态学的核心概念和能量系统分析的基础。地球上的任何能量、资源、产品或劳务形成所需的能量约有98%直接或间接地源于太阳能，因而以太阳能之量——来衡量其他形式的能量、资源、产品或劳务等能值的大小，单位为sej/J或sej/g[55]。

能值分析是生态环境核算领域的重要方法之一。H. T. 奥德姆基于E. P. 奥德姆对能量生态学的研究，并借助物理学的电路原理，于1980年代创立了能值分析方法[51]。它从地球生物圈能量运动角度出发，通过能值概念表示某种资源或产品在形成或生产过程中所消耗的所有能量[76]。能值分析提供了一个衡量和比较各种物质流、能量流和信息流构成的各种生态流的共同尺度，可以衡量分析整个自然界和人类社会经济系统，定量分析资源环境与经济活动的真实价值以及它们之间的关系，定性地解释能量层次和从高质量到低质量能量流动方向，是环境核算领域中的重要方法。该方法以热力学为科学基础经过不断完善，广泛应用于世界各国各种类型的自然、人工及其混合的生态系统分析和定量研究中；与此同时，也逐步运用到了建筑设计领域的研究中，促使建筑师思考能量系统时空边界问题的同时，提供了一种开放的建筑能量系统的分析方法[77]。

20世纪以来，特别是近十年内，在系统生态学的能值分析基础上，以宾夕法尼亚大学的布雷厄姆、哈佛大学的基尔·莫以及瑞威·斯里尼瓦桑（Ravi Srinivasan）等为主的学者推动了系统生态学融入建筑领域。特别是2015年由基尔·莫和斯里尼瓦桑合编的《建筑能值分析中的能量层级》（*The Hierarchy of Energy in Architecture Emergy Analysis*），首次提出了简洁且严谨的建筑能值分析方法，在较为全面的环境视野中，以生态系统的能值核算及能量系统参数比较分析为核心，形成了一种建筑物能量系统成本核算和评价方法。这一以能量系统优化为目标的方法，不仅可以用于不同环境、建筑整体及其局部能量系统的比较，确定以能量优化利用为基础的建成环境改造提升优化方案，也可以用于建筑设计方案的比较和优化[38]。

建筑能值分析方法包含能量系统语言、能值分析图、能值转化率和能值评估表。前两者能够描述建筑能量系统中，能流在不同层级结构间组织方式；后两者用于将能量统一至能值范畴并归纳成表。

1）能量系统语言

能量系统语言能够表示系统中各种能流（物质、信息、产品、服务及货币）之间的相互作用，并核算流量的图示和计算方法[78]。威廉·W. 布雷厄姆、拉维·斯里尼瓦桑和基尔·莫将奥德姆的能量系统语言符号运用于建筑能量系统的分析中，并在《建筑能值分析中的能量层级》一书中针对建筑能量系统完善了一些常用的语言符号和能值评价指标[79]（图2-6）。

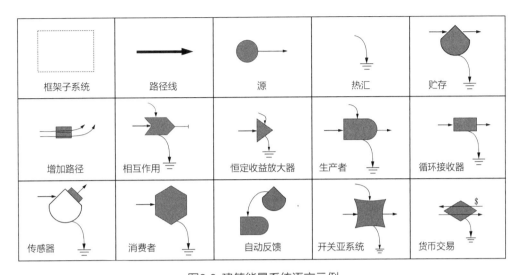

图2-6 建筑能量系统语言示例
（来源：改绘自SRINIVASAN R, MOE K. The Hierarchy of Energy in Architecture[M]. New York: Taylor and Francis, 2015.）

2）能值分析图

能值分析图反映了系统的能量层级结构，它必须与研究对象所处的规模相称，从而帮助人们识别系统边界、追踪能量流动[80]，图2-7是典型的建筑能值分析。能值分析图的构建通常包括以下步骤：①确定分析对象并划分系统边界；②列出和识别系统中主要能量和物质[81]；③识别系统中主要构成元素并将其置于相互关联的合理位置[82]；④识别和描述系统中不同能量（物质、能量、产品、服务和信息）流的相互作用、生产和消费的过程。

3）能值转换率

通过理解能量的层级原则，我们同时了解到能值分析的一个显著优点是它使用单一的测量单位，即太阳能能值焦耳[83]。能值转换率可定义为：形成每单位物质或能量所含有的另一种能量之量[84]；而能值分析中常用太阳能值转换率，即形成每单位物质或能量所含有的太阳能之量，单位为sej/J或sej/g。在人类经济社会范畴，有一些能量形式很难通过能量、物质的方式衡量，但可以通过货币的方式衡量[85]，因而需要能量/货币比率的概念——当年该国家（或地区）全年总应用能值与该国（或地区）国民生产总值（GNP）之比。

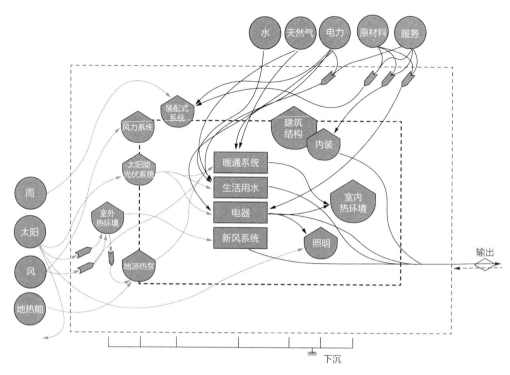

图2-7 典型的建筑能值分析图

4）能值评估表

能值分析图一旦完成，下一步是结合能值转换率算出能值数据并制定能量系统评估量表。表2-1是某建筑能量系统的能值输入评估量表，系统组件成列形成清单，数据包括各项目的单位能值和全生命周期总能值输入。能值输入评估量表使系统中的各能流能值输入一目了然，为后续科学、定量的能量系统评估奠定了基础[86]。

某建筑能量系统的能值输入评估量表　　　　　　　　表 2-1

	项目	单位能值（yr）	单位	太阳能（sej/建筑全生命周期）
可再生能源输入（R）				
1	日光	4.08E+13	J	3.06E+15
2	雨（化学势）	1.82E+10	J	2.47E+16
3	风（动能）	1.63E+11	J	1.79E+16
	全部可再生能源输入（R）	—	—	4.57E+16

	项目	单位能值（yr）	单位	太阳能（sej/建筑全生命周期）
不可再生资源利用（N）				
4	净损失	3.11E+07	J	2.89E+14
	全部不可再生资源利用			2.89E+14
购买输入（F）				
5	电	1.64E+12	J	5.11E+18
6	冷水	4.03E+12	J	1.21E+19
7	蒸汽	7.85E+11	J	2.88E+18
8	水	7.24E+09	J	1.42E+16
9	物质运输	2.48E+03	gal	1.63E+08
10	建筑材料（除了光伏系统）	1.80E+10	g	7.32E+19
11	建筑材料（包括光伏系统）	1.31E+01	m^2	8.38E+15
12	建筑材料：维护和更换（除了光伏系统）	1.37E+09	g	4.53E+18
13	建筑材料：维护和更换（包括光伏系统）	2.62E+01	m^2	1.68E+16
14	建筑活动			3.69E+16
	全部的购买输入			1.02E+20

2.3 网络研究方法

2.3.1 复杂网络理论

网络自问世以来就受到了科学家们的关注，它是一种由数学中的图论演变而来的新兴交叉科学，并被划分为规则网络（Regular Network）和随机网络（Random Network）。数学家通过图论等方式分析几十数百个节点之间是否有边相连，而不在意节点的位置、大小，以及连边的长短、弯直等。20世纪90年代，随着计算机数据处理和运算能力的飞速发展，科学家发现大量的真实网络既不是规则网络，也不是随机网络，于是提出了更符合实际的网络模型，称之为复杂网络（Complex Network）[87]。复杂网络是现实世界中复杂系统的拓扑抽象，从数学的角度，可以定义为以多种类型的实体为节点、以实体之间的相互作用关系为边构成的图[88]。复杂网络具有自组织、自相似、吸引子、小世界、无标度中部分或全部的性质[89]。

复杂网络无处不在，几乎覆盖了我们能想到的所有领域，电力网、互联网、疾病传播网络、食物链网络、电子通信网络以及每个人都身处的社会网络、每个人大脑中巨大的神经网络，它们都可以抽象为复杂网络，甚至人体内无时无刻不在发生着蛋白质的相互作用，也可以被称为蛋白质相互作用网络。

复杂网络理论主要分"小世界网络"与"无标度网络"[90]。瓦茨（Watts）与斯特罗盖茨（Strogatz）提出了小世界网络模型（WS模型），该模型具有规则网络的高聚类性，又具有类似随机网络的小的平均路径长度。小世界网络理论中最著名的概念是"六度分离"，即"这星球上的每一个人都不过是被其他六个人分隔开来"。瓦茨将规则网络与随机网络结合起来。在规则网络的基础上加入随机性并建立了小世界网络模型，从而揭示小世界网络的生成机制。巴拉巴西和艾伯特等学者于1999年在《科学》期刊上发表的《随机网络中无标度的涌现》中提出了真实网络的无标度网络模型（BA模型），并通过分析网络本身的性质研究系统的演化[91]。无标度模型能采用优先连边机制，网络规模随着时间的推移不断增大，新节点的加入会优先连边到高度节点，能保证生成幂值近似为3的无标度网络[92]。该模型也解释了真实网络可以表现出无标度的特性。

无标度网络一般具有以下特性。第一，小世界。它以简单的措辞描述了大多数网络尽管规模很大但是任意两个节（顶）点间却有一条相当短的路径的事实。第二，集群即集聚程度（clustering coefficient）。这是一种网络的内聚倾向，是网络集团化的程度，是一个大网络中各集聚的小网络分布和相互联系的状况。第三，幂律（power law）的度分布。度指的是网络中某个顶（节）点（相当于一个个体）与其他顶点关系（用网络中的边表达）的数量；度的相关性指顶点之间关系的联系紧密性；介数是一个重要的全局几何量。顶点u的介数含义为网络中所有的最短路径之中经过u的数量。它反映了顶点u（即网络中有关联的个体）的影响力。无标度网络度分布的幂律分布特点表明系统具有标度变换下的不变性，主要表现为大量结点、少数连线，少数结点、大量连线。节点度不同，存在大的枢纽节点，且网络中节点之间关系呈不对称特征，具有择优倾向。

无标度网络绝大多数节点的度相对很低，也存在少量度值相对很高的节点。与随机网络、小世界网络相比，无标度网络更偏向于研究网络的动态特性[93]。小世界网络模型适用于描述既定系统的演化规律，而无标度网络更偏向于描述系统的新陈代谢特征，也就是系统的动态发展。前者可用作构成论的描述，后者可作为生成论的描述。无标度网络（Scale-free network）的特征主要集中反映了集聚的集中性。近来对无标度网络现象的研究，使得人们对网络的认识更全面且系统，也更有利于对复杂系统的认识。

网络分析方法被认为是21世纪以来从本质上研究复杂系统、解决复杂问题的最为基础和科学的方法，从对生命现象的复杂性研究到社会经济系统中的规律挖掘，网络分析的应用几乎覆盖了自然界与人类社会最普遍的物理系统。复杂网络的研究为我们提供了复杂性研究的新视角和新方法，对于符合网络现象的真实世界运行机制具有指导意义。通过概括网络的共同特性，抓取网络分析的关键，形成深入的认识，是通过复杂网络研究真实世界的关键。目前对复杂网络的研究工作主要集中在复杂网络拓扑结构的静态统计分析、复杂网络的演化机制和模型研究、复杂网络中包括容错性和鲁棒性等动力学研究、有关复杂网络的分析方法与应用研究等方向。

总体来说，网络的结构与功能及其相互关系是网络研究的主要内容，结构与功能的相互作用，特别是其对网络演化的影响是复杂网络研究需要解决的重要问题。构建复杂网络，可以帮助我们从系统相互作用网络的拓扑结构的角度理解复杂系统。换言之，网络拓扑结构的信息是研究系统性质和功能的基础，也是理解系统功能的关键。

2.3.2 建筑能量系统的网络分析方法

建筑能量系统作为一种具有生态系统生长和发育的特点的复杂人工系统，由不同的基本要素组成，各要素之间存在不同程度能量流的流通与联系。建筑能量系统中的基本要素往往只是局部地彼此关联与交流，其行为发生在局部层面之上，而非整个系统的层面上。然而，这些行为通过以建筑为主体、联系环境与人的网络彼此传递与叠加，共同形成了多种涌现的模式与秩序。因此，建筑能量系统能够被简化为能流网络模型，而其中重要的要素将被抽象并构建为可解释的框架。这个"框架"由节点和连边构成，每个要素对应于网络的节点，要素之间的连边关系对应于连结节点的连边。

复杂网络是对复杂系统相互作用结构的本质抽象。虽然每个系统中的网络都有自身的特殊性质，都有与其紧密联系在一起的独特背景，有自身的演化机制，但是把实际系统抽象为节点和边之后，就可以用复杂网络分析的方法研究系统的性质，从而加深对系统共性的了解。复杂网络分析所关心的问题可以分为如下四个子类，各个子类之间并非完全独立，而是具有相互继承的关系[94]。

1）复杂网络研究关注如何建立一个复杂网络。

2）关注如何定量刻画复杂网络，如何描述复杂网络的结构及其性质，通过统计网络的度分布情况，集聚系数等方式。

3）关注网络是如何发展成这种结构的，也就是网络的演化过程如何描述。

4）思考网络这种特定的结构的后果是什么。例如，网络的这种结构是否具有鲁棒性？网络上的动力学行为如何刻画等。

值得注意的是，最后一个问题通常被称为正问题，即在已知结构的情况下分析网络的性质。而第一个问题则是复杂网络中的反问题：在许多情况下，当网络结构不清晰或不健全时，研究者需要通过某种方式（例如网络重构方法）建立网络结构。

1930年代末，网络研究就已具备了社会学家林顿·弗里曼（Linton Freeman）所定义的现代社会网络分析的四要素[95]：①建立结构性的思维直觉；②系统性地搜集关系数据；③网络结构可视化；④构建数学模型或计算模型。随着数字化资源日益丰富，越来越多的学者开始利用网络分析的方法探索更加复杂的系统所具备的共性特征，以及历史发展中事物之间（如人物、事件、地点、物体、概念等）的相互作用关系。复杂网络分析的方法，高效地抽取大规模数字化资源中隐含的各种关系，并在此基础上观察事件的演变趋势，从而为相关学科提供了新的解读视角与研究路径。

对于复杂系统而言，复杂网络分析可以刻画复杂系统中，各要素的动力学行为和各要素之间的相互作用关系。不论系统中各要素之间的联系强弱、特点如何，只要它们之间存在联系，就可以研究网络拓扑结构对系统动力学行为的影响。网络拓扑结构具有不依赖于节点具体位置和连边具体形态所表现出来的拓扑性质，因此，可以结合系统动力学运行机制研究系统的演化，以优化系统整体的动态演化行为。研究系统的动力学运行机制就是研究系统整体与局部要素的关系，即分析上述网络整体与节点、连线之间的关系，这是量化研究复杂系统演化的一条新思路（图2-8）。

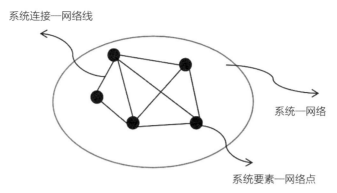

图2-8 系统—网络模型对应关系

对于建筑师而言，建筑设计的过程是一个对建筑能流网络进行认知、构建和优化的过程。利用复杂网络分析方法研究建筑能量系统时，应当考虑以下三个步骤。

1）解析建筑能量系统的结构特征与本质属性，形成对建筑能量系统的初步了解。

2）可视化建筑能流网络的拓扑结构，考察建筑能流网络结构与功能的关系。

3）基于建筑能量系统的动力学机制，调整并优化建筑能流网络结构，使之向系统生态学视野下的绿色建筑目标发展（图2-19）。

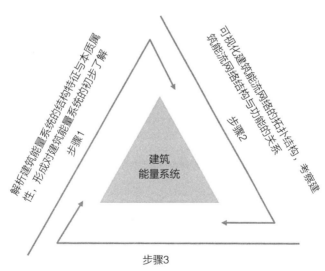

图2-9 建筑能量系统的网络分析方法

2.4 小结

　　本章梳理了热力学、系统生态学、网络研究方法的理论基础。从热力学原理印证了"如何以最佳方式调节有效能（㶲）的耗散和降解的相对速率"是绿色建筑设计中的根本任务，其推动建筑本体趋向于更开放的、远离热力学平衡态的系统。基于系统生态学理论，在明确孤立、封闭和开放的三种系统分类和澄清系统的相关概念与特征的基础上，从最大功率原则及其表现形式、能量系统的演化规律和能值分析方法三个方面阐述了系统生态学的基本原理。该原理拓展了热力学定律，更加符合生态系统和环境、建筑与人组成的开放系统的特性。基于此，进一步梳理了复杂网络理论的基本理论和应用场景，并拓展至建筑能量系统的研究上，总结了利用网络分析方法研究建筑能量系统的一般步骤，为能量视角下的绿色建筑设计研究奠定了理论基础。

第二部分

方法与实践

第3章

绿色建筑能流网络模型

传统网络模型基于网络结构的局部或全局特征可以提出多种节点间相似性的度量方法。因此，对网络模型结构的刻画决定了网络的运行与发展。在建筑的开放耗散系统观下，绿色建筑能流网络是由建筑、环境与人共同构建的整体生态系统中的一个子系统。本章将基于网络分析，实现由建筑能量系统向建筑能流网络的转化，解析建筑能流网络的本质属性与结构特征。第1节通过明确系统、能量和网络三者之间的关系，将建筑能量系统向开放的能量网络进行转化，解析了建筑能流网络的本质属性。第2节基于建筑物质系统分层和网络结构，构建绿色建筑能流网络模型并阐明其时空维度边界，形成了绿色建筑的能流网络模型。第3节基于建筑中"燃烧"和"建造"的两种能量使用方式，从网络特性的角度对建筑能流网络模型进行了分类，为后文基于该模型进行有针对性的优化奠定基础。

3.1 建筑能流网络解析

系统生态学原理阐述了系统、能量与网络三者的关系：网络是系统的结构，能量是系统的内容，网络组织能量，能量附着于网络（图3-1）。

开放系统作为具有特定功能的、从属更大系统的有机整体，其内部与外部以及内部之间发生着各种能量交换。而能量作为构成系统的基础元素，既可以表达系统各要素的实体状态，又可以表达要素间的虚体关系，并依附于网络进行组织，为整体系统网络模型的构建提

图3-1 系统、能量与网络关系图

供了统一的语言。网络作为系统的抽象模型，在表征系统结构的同时便于研究系统的运行机制，从而优化系统的可持续性。因此，可以将建筑能量系统简化为一种由节点、连边组成的网络模型。

该模型中各节点由不同权重的能量节点构成，连边由不同权重的能量流构成，其间相互制约，形成了各种具象、可度量且可表达的复杂联系使建筑的可持续性与整体环境相关联，并在此基础上进行设计与优化，对于低碳化、低能耗的生态可持续的绿色发展观念具有直接指导意义。

建筑能流网络不仅可以表征环境、建筑与人之间的一系列物质和能量转换，从能量视角来看，建筑能流网络的内在运行机理实际上还是建筑系统对内、外部环境中的能量不断进行组织的过程。同时其系统的开放性可以将建筑和生命系统之间进行热力学类比，因此，能流网络是建筑这一生态子系统实现进化的必然形式。建筑能流网络通过系统分层可以形成能量层级之间的高效转换，通过不断优化能流网络结构与功能最终实现系统的最大功率。

3.2 建筑能流网络模型的构建

3.2.1 建筑物质系统分层

建筑SI体系的代表人物斯图尔特·布兰德（Stewart Brand）将建筑系统分为七个物质层：场地、结构、外围护、系统设备、内装、FF&E（家具、装置和设备）和软件。场地层是建筑体系不可分割的一部分，使建筑具有不动产的属性；结构层使建筑摆脱了重力束缚并保证了稳定性，包括主要的承重构件，预期寿命为100年；外围护层包括屋顶、墙壁、窗户等子系统，可以持续使用25～75年；系统设备层是由多层混合而成，包含控制加热和冷却、新风、水和电力的资源流动的所有设备构件，有效使用期为5～25年；内装层包括固定到位的所有隔墙、天花板、饰面和照明，存续时间为3～30年，而FF&E层包括所有家具、固定装置和设备，适应居住者的日常的、每周的和季节性的活动；控制系统的软件层几乎已经渗透到当代建筑的每一个层级中。

根据系统生态学最大功率的表现形式，当建筑能流网络顺利运行时，建筑系统不断地与外界环境进行物质、能量和信息的交换，会形成具有生命代谢特征的能量网络层级结构。建筑系统热力学图解揭示了七个层级于能流网络中进行代谢的不同功能（图3-2）。场地层包括基地范围内的自然和人工资源，是建筑系统与外界环境物质和能量交换的主要接口；结构层类似于生命体的骨骼支撑所有其他层；而外围护系统是室内气候调节的主要系统；FF&E层满足使用者的各种活动需求；系统设备层和软件层则通过纳入集中能源的方式进行室内气候的调节和服务于使用者的工作[96]。建筑系统的热力学图则描述了在每个层中投入的全部物化做功和资源，以及它们调节的资源流动，其中电力和信息系统明显跨越层与层的边界，成为能量核算和建筑设计的挑战。

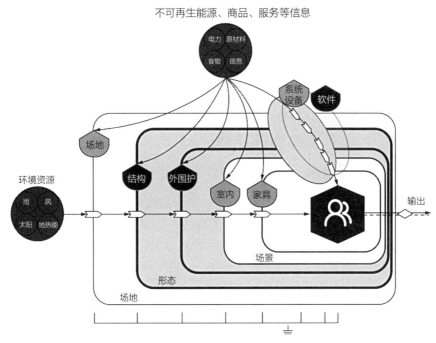

图3-2 建筑分层的热力学图示

3.2.2 网络节点

建筑能流网络架构于真实存在的环境、建筑和人之间能量系统。因此，在建筑系统分层基础上，考虑环境、建筑与人三者的能流传递关系，并借鉴布雷厄姆有关建筑系统中不同要素在空间结构层次和热力学上能源品位的差异研究，将相似能源品位的建筑组件聚集到单个节点中，最终形成了8个内外互联的建筑能流网络枢纽节点。这8个枢纽节点元素架构了建筑、环境和人组成建筑能流网络，并通过有向加权网络描述节点之间能量的动态传递过程。其中每一个节点表征并包含了物质、能量和信息流的动态传输组件（图3-3、图3-4，表3-1）。

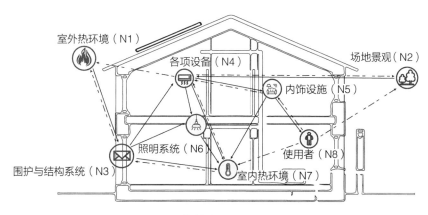

图3-3 建筑能流网络的节点元素

建筑能流网络的8个枢纽节点　　　　　　表3-1

节点符号	节点名称	节点含义
N1	室外热环境	由太阳辐射而产生的建筑外部环境中的分散热量
N2	场地景观	场地范围内的各类环境，包括自然生态环境、地形地貌、基础设施等内容
N3	围护与结构系统	建筑的外围护与自身结构系统
N4	各项设备	建筑的空调系统、通风系统、管线工程、电气线路、室内控制系统等设备系统
N5	内饰设施	包含家用设备、家庭用水、食品消费等与人工作、生活等活动行为直接相关的附属设施等内容
N6	照明系统	包括室内外的照明设备、灯具等内容
N7	室内热环境	以室内热环境的舒适度为关注点形成的空间形态
N8	使用者	指建筑系统中的使用者

表格来源：改绘自Hwang Yi, William W. Braham, David R. Tilley, Ravi Srinivasan. A metabolic network approach to building performance: Information building modeling and simulation of biological indicators[J]. Journal of Cleaner Production, 2017.

　　建筑能流网络是在无标度网络的基础上提出的一种有向的、有链接权重的网络，具有集群特点和幂律的度分布特点（图3-5）。显然，这8个节点度比较大，包含主要连边关系，在网络中扮演着核心角色。枢纽节点具有生长和偏好的特性，因而在分析系统中大量的节点元素时，其中的枢纽节点是系统分析的关键。

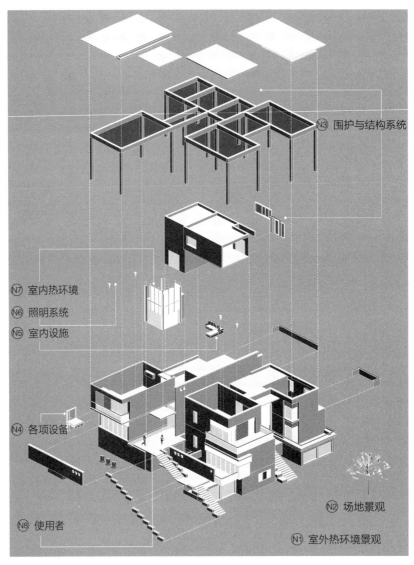

图3-4 绿色建筑设计对应

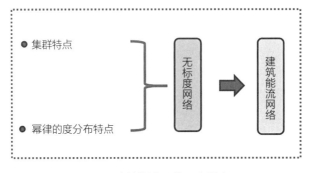

图3-5 建筑能流网络元素特点

3.2.3 网络连边

网络的连边是网络节点间建立联系并传输信息的形式，而连边关系可以理解为系统中某一部分发出各种信号并通过连边作用于其他部分，使其做出动态反应的影响机制。网络的拓扑结构有同配网络（Assortative Network）和异配网络（Disassortative Network）的区分，同配网络的枢纽节点要素是同质的，且倾向于将相同的节点配对在一起；异配网络的枢纽节点要素是异质的，度数大的节点与度数小的节点更倾向于互相连接。建筑能流网络属于异质元素构成的异配网络，异质元素间的连边同时有单向、双向和反馈的形式[86]。

基于对建筑能流网络8个节点元素的提取，可以进一步识别和描述其中异质元素间不同能量流的相互作用关系，并与外部环境的输入接口、内部资源的输出接口等相连，从而完整地描述出建筑能流网络的动态传递（图3-6）。其中，外部环境的输入接口包括：可再生资源（IR）和不可再生资源（IN）；内部资源的输出接口包括：填埋场径流出口（E1）、气体排放出口（E2）和再循环出口（E3）。最终实现将建筑能量系统拓展到环境和人构成的整体网络中，以形成资源、生产者和消费者之间能量代谢的能流网络[96]（图3-7、图3-8，表3-2）。

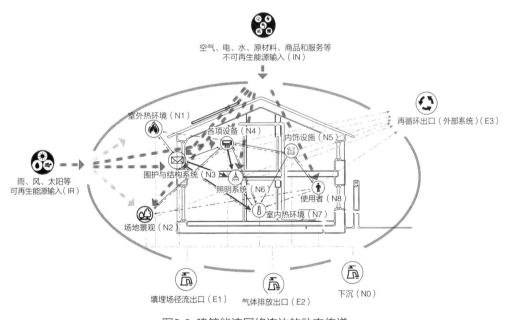

图3-6 建筑能流网络连边的动态传递

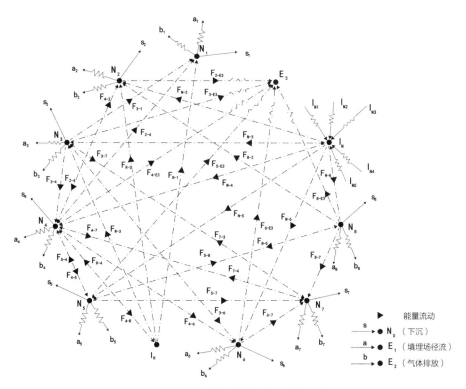

图3-7 建筑能流网络节点间能流连边示意图

（来源：改绘自Hwang Yi, William W. Braham, David R. Tilley, Ravi Srinivasan. A metabolic network approach to building performance: Information building modeling and simulation of biological indicators[J]. Journal of Cleaner Production, 2017.）

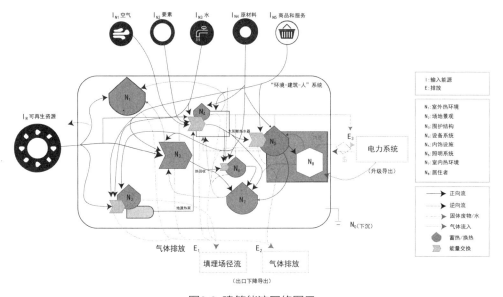

图3-8 建筑能流网络图示

（来源：改绘自Hwang Yi, William W. Braham, David R. Tilley, Ravi Srinivasan. A metabolic network approach to building performance: Information building modeling and simulation of biological indicators[J]. Journal of Cleaner Production, 2017.）

能量流	注释	能量流	注释
FR-1	室外环境获得的太阳辐射能	FN-3	用于建筑制造和维护的原材料、商品和服务等
FR-2	场地获得的可再生能源	FN-4	设备系统制造和运行所需的气、电、水、材料、货物和服务等
FR-3	建筑围护获得的可再生能源	FN-5	室内空间建造、电器和家具的原材料、商品和服务等
FR-4	设备系统获得的可再生能源	FN-6	购买灯具或其他照明设备等
FN-2	场地获得的不可再生能源	FN-8	购买衣服、食物和生活用品等
F2-4	从场地系统到各项设备系统的能量传输（如地源热泵）	F4-7	设备系统调节室内热环境的能源使用
F3-1	建筑外围护结构到室外热环境的能量传输	F5-4	生活场景中能量的再回收（夏季热泵水源的恢复、生活用水再循环等）
F3-4	由外围护结构向各项设备传输能量（太阳能光热系统等）	F5-7	生活用电器、燃气设备的室内热增益
F3-6	自然采光、阳光穿透外围护至照明设备（如导光设备）	F5-8	生活用水、电、食物等商品给予人的能量增益
F3-7	由围护界面向室内环境传输能量（墙壁热传导、玻璃幕墙直接辐射等）	F6-7	照明系统的室内热增益
F4-1	各项设备系统向室外环境散热	F7-3	室内环境向围护界面传输的能量
F4-2	设备系统向场地传输回收的能量（灰水/雨水回收用于场地景观灌溉等）	F8-2	营造场地景观微气候等人工用能
F4-5	生活场景各项水、电、气等设备的公共用能	F8-5	使用和营造室内环境的人工用能
F4-6	照明设备和灯具的用能	F8-7	室内热环境中的人体散热
F3-E3	建筑围护与结构系统的再循环	F8-E3	有用能源的上循环出口（用于回收、工作活动等的材料出口）
F5-E3	建筑内饰设施的回收与再利用（衣物、电器或家具等）	F4-R	设备系统使用过程中向外部环境的热增益（地源热泵从HVAC系统到地面的热传递等）
F4-E3	建筑设备向外部电网输出电能	F2～6-E	材料、有用能源和信息的输出

室外热环境（N1）节点与系统外部的接口是通过获得可再生的太阳辐射能量形成FR-1；与网络内部其他节点之间的能量流只有逆向的围护与结构系统（N3）到室外热环境系统（N1）的热损失形成F3-1；各项设备（N4）到室外热环境（N1）热损失的连边F4-1（图3-9）。

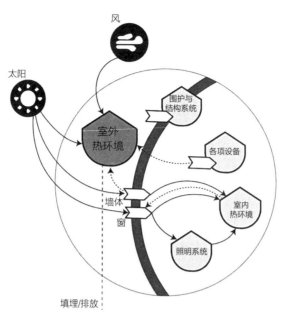

图3-9 基于室外热环境（N1）节点的能流分析

场地景观（N2）节点与系统外部输入的太阳辐射、风、雨等各种可再生能源形成连边FR-2；与材料、水、商品和服务等不可再生能源形成连边FN-2；与网络内部其他节点之间形成正向流——从场地景观（N2）到各项设备（N4）的F2-4，逆向流——从各项设备（N4）到场地景观（N2）的F4-2，譬如灰水/雨水回收用于场地景观灌溉；与使用者（N8）形成的F8-2，譬如营造场地景观微气候耗费的人工（图3-10）。

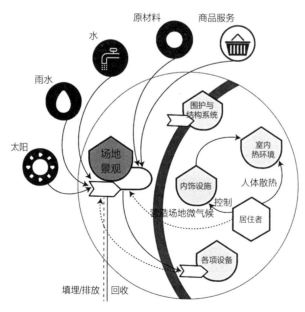

图3-10 基于场地景观（N2）节点的能流分析

围护与结构系统（N3）节点与系统外部的输入为太阳辐射、风、雨等各种可再生能源形成连边FR-3，与用于制造和维护的原材料、商品和服务等不可再生能源形成FN-3。该节点与网络内部其他节点之间的能量流有正向流——从围护与结构系统（N3）到室内热环境（N7）的能流F3-7，譬如通过墙壁热传导、窗户和空洞的直接辐射、热回收系统等；从围护与结构系统（N3）到照明系统（N6）的F3-6，譬如自然采光、通过导光技术使阳光穿透外围护至照明设备；从围护与结构系统（N3）到各项设备（N4）的F3-4，譬如外围护结构太阳能光伏（PV）系统和太阳能热水系统等；从围护与结构系统（N3）到再循环出口（E3）的能量流，譬如围护结构系统的材料再循环。该节点与网络内部其他节点之间的逆向流有从室内热环境（N7）到围护与结构系统（N3）的连边F7-3，譬如通过热导热和通风设备；从围护与结构系统（N3）到室外热环境（N1）的能量流F3-1（图3-11）。

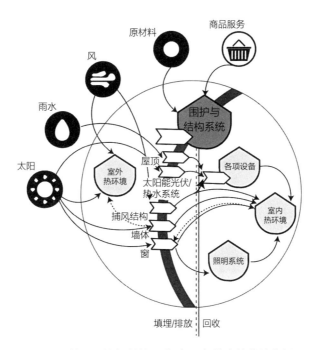

图3-11 基于围护与结构系统（N3）节点的能流分析

各项设备（N4）节点与系统外部的输入为太阳辐射、风、雨等各种可再生能源形成了FR-4；与用于系统制造和运行的原材料、商品和服务等不可再生能源形成连边FN-4。系统外部输出是从各项设备（N4）到不可再生能源（R）的能流F4-R，譬如地源热泵从HVAC系统到地面的热传递。该节点与网络内部其他节点之间的能量流有正向流——从各项设备（N4）到室内热环境（N7）的能流F4-7，譬如向室内空间供暖；从各项设备（N4）到照明系统（N6）的能量流F4-6，譬如向照明设备和灯具供电；从各项设备（N4）到内饰设施（N5）的能流F4-5，譬如热水加热、用于烹饪和家用电器的公共事业管理（水、电、气等）；从围护与结构系统（N3）到各项设备（N4）的能流F3-4，譬如外围护结构太阳能光伏（PV）系统和太阳能热水系统等；此外，还有从各项设备（N4）到再循环出口（E3）的能量流，譬如产能后向外部电网输出电力。逆向流有从室内热环境（N7）到各项设备（N4）的能量流（F7-4），譬如冬季热泵源热量流；从各项设备（N4）到场地景观（N2）的F4-2，譬如灰水（或雨水）回收用于场地景观灌溉，从内饰设施（N5）到各项设备（N4）的F5-4，譬如夏季灰水（或热泵水源）的恢复（图3-12）。

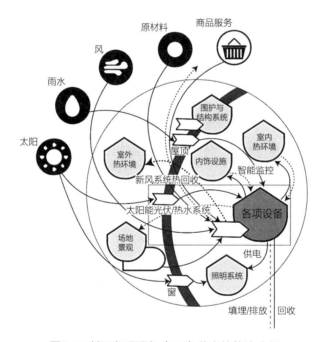

图3-12 基于各项设备（N4）节点的能流分析

内饰设施（N5）节点与系统外部的输入为用于附属设施制造的原材料、商品和服务等不可再生能源形成能流FN-5；与网络内部其他节点之间的能量流有正向流——从各项设备（N4）到内饰设施（N5）的能流F4-5，譬如热水加热、用于烹饪和家用电器的公共事业管理（水、电、气等）；从内饰设施（N5）到室内热环境（N7）的能流F5-7，譬如电器、燃气设备室内热增益；从内饰设施（N5）到居住者

（N8）的能流F5-8，譬如热水淋浴、食物的能量等服务增益到人。此外，还有从内饰设施（N5）到再循环出口（E3）的能量流，譬如建筑内饰系统、衣物、电器或家具的再循环。逆向流有：从内饰设施（N5）到各项设备（N4）的能流F5-4，譬如夏季灰水（或热泵水源）的恢复；从居住者（N8）到内饰设施（N5）的能流F8-5，譬如控制室内热环境耗费的人工（图3-13）。

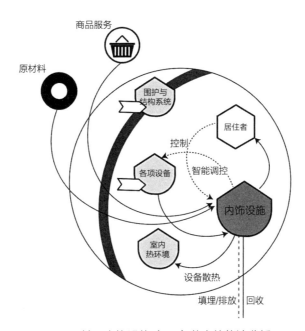

图3-13 基于内饰设施（N5）节点的能流分析

照明系统（N6）节点与系统外部的输入为用于制造灯具或其他照明设备等不可再生能源形成能流FN-6；与网络内部其他节点之间的能量流有F3-6，譬如自然采光、通过导光技术使阳光穿透外围护至照明设备；从各项设备（N4）到照明系统（N6）的能流F4-6，譬如向照明设备和灯具供电；从照明系统（N6）到室内热环境（N7）的能流F6-7，譬如照明设备室内热增益（图3-14）。

室内热环境（N7）节点与网络内部其他节点之间的能量流有正向流——F3-7，譬如通过墙壁热传导、窗户和空洞的直接辐射、热回收系统等；各项设备（N4）到N7的能流F4-7，譬如向室内空间供暖；从内饰设施（N5）到N7的能流F5-7，譬如电器、燃气设备室内热增益；从照明系统（N6）到室内热环境（N7）的能流F6-7，譬如照明设备室内热增益。该节点与网络内部其他节点之间的逆向流有从室内热环境（N7）到围护与结构系统（N3）的F7-3，譬如通过热导热和通风设备；从居住者（N8）到室内热环境（N7）的F8-7，譬如人体散热到室内热环境；从室内热环境（N7）到各项设备（N4）的F7-4，譬如冬季热泵源热量流（图3-15）。

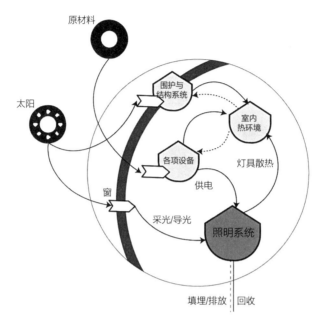

图3-14 基于照明系统（N6）节点的能流分析

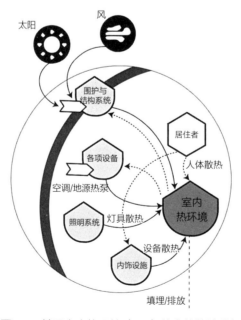

图3-15 基于室内热环境（N7）节点的能流分析

居住者（N8）节点与系统外部输入的购买衣服、食物和生活用品等商品形成FN-8；正向流有F5-8，譬如热水淋浴、食物的能量等服务增益到人；从居住者（N8）到再循环出口（E3）的能量流，譬如用于各节点材料的回收、工作活动等人工。逆向流有从居住者（N8）到场地景观（N2）的F8-2，譬如营造场地景观微气候耗费的人工；从内饰设施（N5）到居住者（N8）的F5-8，譬如热水淋浴、食物的能量等服务增益到人；从居住者（N8）到室内热环境（N7）的F8-7，譬如人体散热到室内热环境（图3-16）。

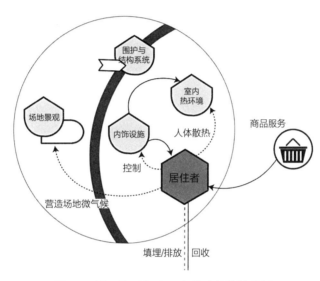

图3-16 基于使用者（N8）节点的能流分析

3.2.4 时空维度边界

由于能值概念的开放性和统一性，系统生态学视野下建筑能流网络的时间边界是真正意义上的全生命周期范畴，往前可以追溯到建筑原材料的自然形成过程，后续将建筑废弃物纳入自然生态系统的循环当中，考虑其对生态环境的影响。建筑能流网络集成对上游能源输入和下游最终环境的影响，考虑从材料与构件生产、规划与设计、建造与运输、运行与维护直到拆除与处理（废弃、再循环和再利用等）的全循环过程，并通过能值将建筑全生命周期内的商品、材料、服务等一切物质和信息进行统一的测度。具体为生产建造阶段包括建筑材料自开采、加工、运输、建造所产生的，以及人工劳动在内的贯穿整个阶段的投入；运营阶段主要包括各系统使用以及维护的投入；回收利用阶段包括对建筑拆解、回收和再利用的投入等。这大大扩展了建筑能流网络研究的时间维度。

在系统生态学的视野下，建筑能流网络的空间边界包括建筑材料的生产、供应与加工地，运输路线及其废弃处理所达的空间，都扩展了建筑能流网络的空间边界；建筑使用过程中能量的对流、传导和辐射所触及的空间边界，同样也包含于建筑能流网络的空间范围；人的使用和维修服务所达到的范围又使建筑能量系统边界得到了进一步扩展。

边界的扩展有利于在整体环境系统中考虑建筑的生态贡献。一个建筑系统的能量输出，可以成为环境中另一个建筑系统或其他系统可利用的能量来源。因此，建筑能流网络视角下建筑系统的空间维度不再拘泥于物质的空间边界，而是内化于整体能量环境中。反映至建筑设计中，通过对能流的追踪可以定位其组成要素的具体边界。

具体来说，绿色建筑能流网络通过集成对上游能源交付和对下游最终用户的影响。Huang Yi 等人考虑生命周期能量分析（LCEA）和生命周期影响分析（LCIA）进而提出了一种计算算法[98]。将 LCEA 公式扩展到包括所有与建筑相关的服务，来表示在建筑生命周期内投入的总可用能量（Q_E）：

$$
\begin{aligned}
Q_E &= Q_M + Q_C + Q_O + Q_R + Q_D \\
&= (Q_{MP} + Q'_{MP}) + (Q_{CT} + Q_{CS} + Q'_{CT} + Q'_{CS}) + \\
&\quad (Q_{OC} + Q_{OS} + Q_{OE}) + (Q_{DT} + Q_{DS})
\end{aligned} \tag{3-1}
$$

Q_M：建材生产投入的能源。$Q_M = Q_{MP} + Q'_{MP}$，其中 Q_{MP}：建材生产中初始制造材料投入的能源，Q'_{MP}：建材生产中维修材料投入的能源。

Q_C：建筑建造投入的能源。$Q_C = Q_{CT} + Q_{CS} + Q'_{CT} + Q'_{CS}$，其中 Q_{CT}：建筑建造中运输过程投入的能源，Q'_{CT}：建筑循环建造中运输投入的能源，Q_{CS}：建筑建造中服务过程投入的能源，Q'_{CS}：建筑循环建造中服务过程投入的能源。

Q_O：建筑运营投入的能源。$Q_O = Q_{OC} + Q_{OS} + Q_{OE}$，其中 Q_{OC}：建筑运营中室内空调的运行能量 Q_{OS}：建筑运营中服务过程的运营能量，Q_{OE}：建筑运营中电气设备和照明的运行能量。

Q_R：建筑翻新和维护投入的能源。$Q_R = Q'_{MP} + Q'_{CT} + Q'_{CS}$。$Q_{CS}$ 包括人力和间接能源投资（机器的使用）。

Q_D：建筑拆解、回收和再利用投入的能源。$Q_D = Q_{DT} + Q_{DS}$，其中Q_{DT}：建筑拆解、回收和再利用中的运输过程投入的能量，Q_{DS}：建筑拆解、回收和再利用中服务过程投入的能量。

在建筑全生命周期划分的计算公式基础上，通过乘以每一项的能值转化率来计算建筑全生命周期内的总能值（E_{mT}）。总能值还需要考虑场地边界内投入的能量，即通过建筑物表皮和周围环境获得的自然可再生资源（Q_N），包括气候资源如太阳辐射、雨和风以及土壤。

$$E_{mT} = T_{rE}Q_E = T_{rN}Q_N + T_{rM}Q_M + T_{rC}Q_C + T_{ro}Q_O + T_{rR}Q_R + T_{rD}Q_D \qquad (3\text{-}2)$$

此外，还需要考虑建筑能源的使用和其他运营活动对下游的影响，建筑对环境的影响主要来自三个方面：①产生的固体废物；②排放的废气；③对水体造成的污染。

这种建筑系统能量代谢算法将建筑全生命周期分为建筑建造、运营和循环三个阶段。由于可以通过能值转换率转换成能值，其建造阶段往上可追溯到原材料的生态成本，再生阶段往下可延伸并细化到固体、液体和气体三种不同形态的环境成本，是目前最全面的建筑环境核算方法。按照这种算法不仅可以换算出建筑全生命周期的总能值，而且为系统整体性能流网络的构建提供了基础。

3.3 建筑能流网络的基本类型

3.3.1 建筑能流网络的分类基础

通过不同的技术手段，人们掌握了对能量的使用。雷纳·班纳姆曾以一则寓言来隐喻人类对能量的抉择，面对一堆木材，一支原始部落如何处理开发一堆木材的环境潜能有两种基本方法：可以通过燃烧的方式生火取暖，也可以通过建造的方式筑起一个庇护所。前者是动力操作解决方案，后者是结构操作解决方案。事实上，建筑中所有的能量问题都包含在这个简单的选择中，"燃烧"或是"建造"。

工业化时期之前的农业社会，由于技术局限了燃料的开发和使用，人类没有足够的能源来选择操作动力的解决方案。建筑师和工匠们将大量的资源投入到坚固和耐久的建筑中，将有限的物质和能量物化到建筑中营造舒适的内部环境。

随着技术的不断发展，人类开始学着利用"燃烧"的策略，来满足人类对环境舒适度的需求。奥戈雅提出应倡导利用自然的而不是机械的（例如空调）方法来满足热舒适要求，而吉沃尼（Givoni）认为，如果外界气候条件超出了采用"建造"对策满足热舒适需求的范围，就需要采用空调直接"燃烧"能源来实现热舒适。1969年，吉沃尼结合空调工程师使用的温湿度图发展出了建筑气候设计图法，将气候、人体热舒适和建筑设计被动式方法结合在一张图上。其后很多建筑师与工程师对吉沃尼的观点表现出了高度关注，并伴随着能源的不断富足而不断发展这种基于"燃烧"的主动式建筑实践。久而久之，由于建筑内部环境与外部环境的隔绝，导致了建筑能量孤立系统观的形成。

班纳姆1969年在其著作《可控环境中的建筑》（*The Architecture of the Well-tempered Environment*）中首次从技术史的角度揭示了机械系统在调控环境能力上对建筑全面超越的过程，并强调了环境调控技术与建筑设计妥善结合的必要性。从环境控制的角度，班纳姆提出了两种环境建筑设计模式：环境排斥型和环境选择型[99]。

环境排斥型是指完全依赖机械系统产生可控的建筑环境，以人工方式进行环境调节，类似于今天依赖主动式设计策略控制环境的建筑。环境排斥型建筑的外围护结构完全隔绝外部气候环境条件的影响，通过人工介入进行环境控制，采用以"燃烧"为主导的能量使用策略。

环境选择型则是指用周围环境的能源来创建与自然呼应的内部环境，类似于今天依赖被动式设计策略的建筑[99]。其外围护结构成为建筑内部空间与外部空间的过滤器，选择性允许建筑内部环境受外部气候环境条件的影响，例如自然通风、采光，并利用这种可再生能源减少建筑常规能源的能耗，采用以"建构"为主导的能量使用策略。

阿巴罗斯将建筑对能量的使用分为"热源"与"热库"两种原型。热源与热库是建筑中能量生产与能量消耗的两种基本模式，热源对应能量生产和输出，热库对应能量存储和消耗[100]。前者以火炉为中心，所展开的空间类似向外扩张的同心圆，后者是从系统边界出发向内部聚拢的空间体。前者可以视为被供热机器占据的"热源"（thermal source），后者是开敞通透的"热库"（thermal sink）。阿巴罗斯的"热源"与"热库"两种原型同样也阐明了建筑能量中"燃烧"或是"建造"的两种策略。

不难发现，"燃烧"和"建造"两种策略的背后，反映了人类在能源富足和匮乏的不同情况下为实现系统最大功率所做出的贡献。事实上，两种策略最本质的差异就在于对能量的利用方式。由于能量利用方式的不同，绿色建筑的发展也呈现出两种导向。

人类使用火的时间可能先于建造庇护所的时间，但是无论哪一个在先，自从建筑物出现后，两者一直保持共同发展。建筑本体包含并能放大火焰燃烧的热量，改善了庇护所的气候调整效果。现代动力操作的机械方法最初是加强炉膛中的火焰强度。19世纪，新燃料和更有效的技术发展，增强了建筑内部设备的燃烧能力，同时也提高了热舒适标准。除了加热的设备以外，人们对照明、通风、制冷等一系列能够改善室内居住舒适度的技术的掌握都在逐步提高。不同于传统建构视角下对自然环境中不同资源的直接利用，通过操作空间形式满足人们的舒适度需求的做法，以及新技术的出现，使得人们得以摆脱对窗户、厚墙等外围护结构的依赖性，选择通过将低品位的能量不断转化突破能量层级的方式，利用主动式的技术措施满足理想的室内生活环境（图3-17）。

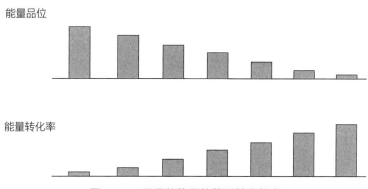

图3-17 不同品位能量的能量转化效率
（来源：改绘自SRINIVASAN R, MOE K. The Hierarchy of Energy in Architecture[M]. New York: Taylor and Francis, 2015.）

正是由于现代生产力的提升，使得人们对不同品位能源的获取、利用与转化变得更加高效，才促使以"燃烧"为核心的动力操作方案成为可能。同时也由于对化石燃料等不可再生能源利用的泛滥，造成了气候危机和能源危机等一系列问题。进入21世纪，随着环境可持续概念的提出和绿色建筑内涵的扩展，人们开始加速对可再生能源的利用。在此背景下，建筑师在对被动式的"建造"和主动式的"燃烧"两种策略的讨论与反思中，产生了两种绿色建筑的设计导向：一种继承传统建筑的生态智慧，最大限度地直接利用自然资源，开展被动式技术的建构实践；另一种借助新技术，通过主动式技术最大化转化可再生能源来提高建筑整体性能。系统生态学视野下，前者代表了自然环境的朴素系统观，强调对自然环境的适应性以及对环境能量的直接利用，是一种"节流"的能量利用策略；后者则代表了人类技术的科学系统观，强调对环境中可再生能源的间接转化，是一种"开源"的能量利用策略。开源和节流这两种能量利用策略概括了当前绿色建筑体系的核心思想。不难发现，通过将绿色建筑置入能量语境中，能够使我们意识到能量对绿色建筑的可持续性设计具有根本性的指导意义。

现代技术进步促使建筑不断进化，建筑系统与外界环境网络复杂性增加，不断发展的高性能建筑能流网络也越来越复杂，信息量越来越大。此外，随着农业社会生产力的发展，地域乡土建筑亦在不断进化，塑造了风格各异的地域建筑，从另一个方面体现了建筑的多样性。可以看出，从传统的乡土建筑到具有高性能低能耗的现代建筑，随着技术进步和建筑进化，建筑系统与外界环境之间的信息量与关联逐渐增加导致了网络复杂化。面对这种复杂性，即使都符合最大功率原则，建筑能流网络的发展也呈现出不一样的节奏，这种差异能够较为明显地体现在建筑能流网络的拓扑结构上。因此，结合当前绿色建筑类型发展导向与趋势，本研究总结了"类自然"网络和"人工"网络两种不同功能定位的建筑能流网络类型。

3.3.2 "类自然"和"人工"两种基本网络类型

网络的基本特征是连线纵横交织，并形成众多闭合的网眼，复杂网络集成了链、树、环。现实的复杂网络介于网络的连通性与稀疏性之间。研究系统结构、性质、功能行为的复杂性，均与其网络类型有关。换言之，从网络的视角看，研究系统的生成与演化实际上是研究网络节点与连线的改变。网络节点元素与连边关系构成了网络的整体拓扑结构，而网络的功能定位与系统的发展目标息息相关，网络的特性从本源上影响着系统的设计与运行。

通过以上分析可以发现，两种导向下的建筑能流网络与复杂网络中的无标度网络特征基本相符，即：①具有自相似结构。建筑能流网络模型的建立可以较为统一地描述建筑整体与局部的关系，也印证了该网络的局部和整体在结构特性上是相似的，也就是说网络不具有明显的尺度特征。②两极分化，高度弥散。由于两种导向的绿色建筑在设计策略上的不同，导致不同节点所蕴含能量的层级差异较大，使得不同节点的度数往往会横跨多个数量级——有度很大的节点，也有度很小的节点，网络的度数呈现"两极分化"的特点。因此，可以将建筑能流网络简化为无标度网络进行研究分析。表3-3展示了类自然和人工网络建筑在各自的网络结构性特征和运行趋势上的差异。

（1）类自然网络建筑

类自然网络建筑延续了对地域环境的保护以及地域文化的传承。由于类自然网络建筑大多规模较小，体量较分散，且在能源利用上，受到地域环境影响较大，常以地域性的材料为建材，并较少将高技术设备、材料用于建构之中，属于外部环境主导的能量耗散方式，因此，该网络存在两个较为明显的结构性特征。

1）网络枢纽节点的存量普遍较小，网络的整体能值较低。节点存量较低意味着，节点之间连边的流量较小，使得网络整体运行的功率较低。

2）网络中枢纽节点的紧密程度较低。换言之，节点与节点之间的联系程度较低，能量在节点之间的层级转化也较少。因此，该网络整体的冗余度较大，具有较强的稳定性。当一个节点失效时，对网络其他节点的影响程度较小，即级联失效现象对于该网络的影响较小。但这也造成该网络的平均效率较低。

以上的网络结构特性决定了该类自然网络的功能定位与运行趋势。首先，网络由于节点和连边的存—流量较小，使得网络整体发育缓慢，虽然网络的自适应性较强，但不利于网络的长期发展。其次，网络节点之间连边的紧密程度较低，且连边之间的能量流通效率较低，使网络运行效率低，难以维持理想的运行状态，容易出现网络整体运行的停滞。

（2）人工网络建筑

人工网络建筑是目前技术蓬勃发展的背景下，面向未来城市高水平发展道路上的建筑发展方向之一，引领建筑领域实现从"节能型"建筑向"产能型"建筑跨越的目标。人工网络建筑具有规模较大，体量较集中，且从能源利用的角度，更多趋向于利用高技术手段，对可再生能源进行更高效率利用的特点，属于内部环境主导的能量耗散方式。人工网络最大的特点是在设计阶段通过融入高技术手段，实现对

表 3-3

两种建筑能流网络类型

网络名称	网络结构	度分布特点	结构性特征	运行趋势
类自然网络	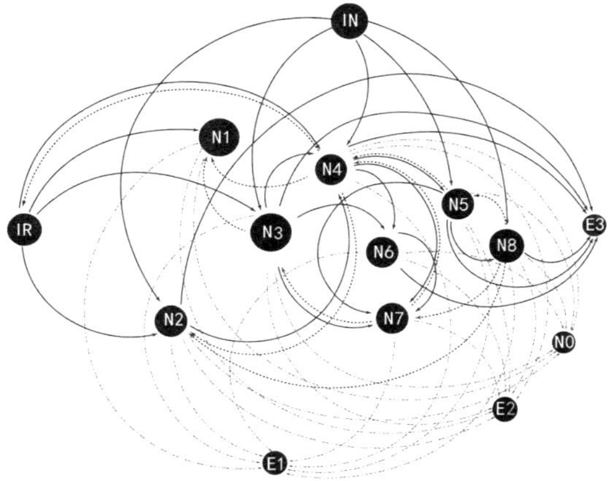	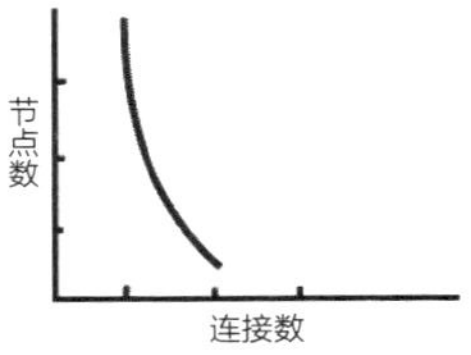 瘦尾分布	①网络中枢纽节点的存量普遍较小，因此网络的冗余度比较低，具有较强的稳定性，级联失效现象对于该网络的影响较小； ②网络中枢纽节点的紧密程度较低，连边的流量传输较小且传输效率较低，因此网络的平均效率较低	①网络节点和连边的存—流量较小，使网络发育较缓； ②网络反馈回路较多但连边的能量流通效率较低，使网络运行效率降低
人工网络	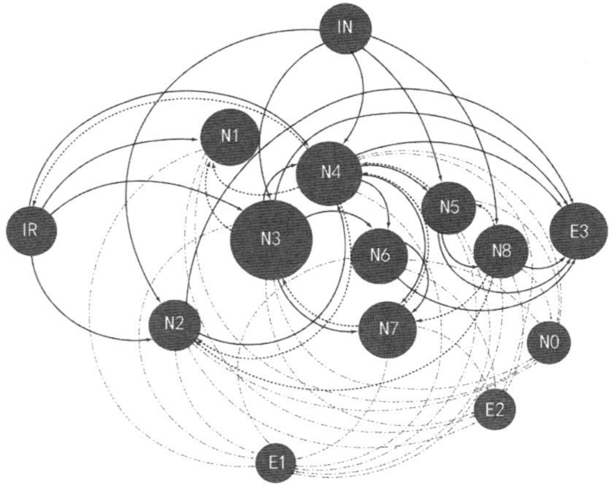	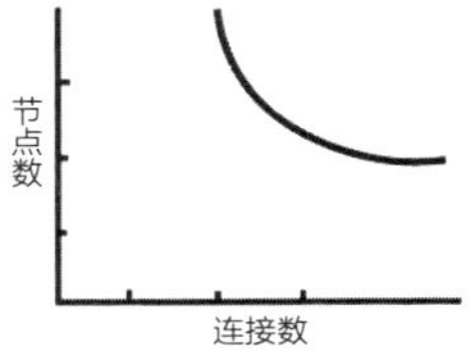 肥尾分布	①网络中枢纽节点的存量普遍较大，且节点度差异比较大，连边较不稳定，因此，级联失效现象对其影响比较大，该网络的稳定性较低； ②网络中枢纽节点的紧密程度较高，连边的流量传输较大且传输效率较高，因此网络的平均效率较高	①网络节点的存—流量差异不平衡，存量—流量结构运行趋向失稳； ②网络的反馈回路较少且流通效率较低，使网络运行稳定降低； ③由于网络中节点存量较大且度差异较大，使网络存在着延迟效应

不同层级能量的利用、转化甚至输出的目标，从而满足建筑使用者的使用需求和舒适度要求。其对不同形式能量的需求量大，需要源源不断的能量输入以维持建筑本体的运行，因此，该网络存在两个较为明显的结构性特征。

1）网络中枢纽节点的存量普遍较大，且枢纽节点与子节点之间的度差异比较大，节点之间的连边较不稳定。因此，该网络的整体能值虽然较高，但稳定性较低。枢纽节点的失效，很容易造成网络局部运行的瘫痪。环境能量信息的不确定性，容易使得该网络级联失效的现象更加明显。

2）网络中枢纽节点的紧密程度较高。具体而言，控制网络能量输入的连边数较多、连边的流量传输较大且传输效率较高，因此网络的冗余度较大，平均效率较高。

以上人工网络的结构性特征决定了该人工网络的功能定位与运行趋势。首先，网络节点的存—流量差异不平衡，使得网络结构运行容易趋向失稳。其次，网络枢纽节点之间的反馈回路较多，且网络中节点的度差异较大，网络较大的冗余度在保持网络长时间运转的同时，容易使得网络存在着延迟效应。

3.4 小结

综合以上，本章首先解析了绿色建筑能流网络作为开放能量系统，通过系统分层形成能量层级之间的高效转换，并通过网络结构最终实现系统的最大功率的本质属性。接着基于建筑能量系统的物质分层关系，剖析了该系统底层的网络架构，将各子系统对应至网络节点，并分析了各节点之间的能流关系形成网络的连边，进而形成建筑能流网络的结构关系。基于系统生态学视野下对建筑能量系统时空边界的拓展，确定了建筑能流网络运行的时空边界，最终构建了建筑能流网络模型。最后，从网络特性的角度划分了具有"建构导向"和"能源导向"的两种基本的建筑能流网络类型——"类自然"网络和"人工"网络，并解析了各自的网络结构性特征和运行趋势，为后文建筑能流网络的评价和优化方法作铺垫。

第4章

绿色建筑能流网络的评价体系

自20世纪80年代能源危机和环境资源短缺问题的加剧，全球各个国家面对生态环境绿色可持续发展的挑战，开始更加关注绿色建筑设计。在美国成立绿色建筑协会（U. S. GREEN BUILDING COUNCIL，USGBC）之后，其他国家有关绿色建筑与建筑环境评价的方法和标准体系也纷纷推出。这些评价体系对建筑是否节能、环保的性能标准给出较为系统的分析与评估方法，并设计了各类图表及电脑软件，便于设计者或使用者进行评价。系统生态学视野下，我们将绿色建筑能量系统视为开放的能流网络进行研究，其遵循自组织系统的最大功率原则：在可用能量丰富的环境中，系统牺牲效率以获取功率；而在能量匮乏环境中，提高效率便成为行之有效的对策。当前可再生能源还未得到便捷高效利用的情况下，能源相对匮乏，建筑能流网络的可持续发展应当聚焦于网络增强和信息量的增加。基于最大功率的目标，本章尝试在复杂网络分析方法的指导下，通过解析建筑能流网络可持续发展的特性与度量方式，建立可持续性评价指标，并结合具体可操作的评价工具，提出绿色建筑能流网络的评价体系。

4.1 建筑能流网络评价体系的构建基础

系统生态学原理下建筑能流网络作为一种人工复合系统，同样具有生态系统生长和发育的特点，可以类比生态系统的可持续发展方式。系统生态学原理下生态系统有三种生长形式：生物量的增长、生态网络的增强和信息量的增加[101]。这三种生长形式涵盖了H. T. 奥德姆所提出的生态系统发育的所有属性，是对系统发育质量的一种要求。在系统发育的初始阶段，生物量的增长是系统生长的主要形式，网络内各节点之间连边的能量流也会随之增加。随着系统的逐渐成熟，相较于早期状态所需要维持系统运行的能量变得更多。而根据热力学第二定律，系统捕获的太阳能并不能完全转化为可用功，一部分能量会被耗散掉，因此，生物量的增加不能进一步实现最大功率的目标，生态系统继续发育便需要增强能流网络。

能流网络是物质、能量和信息循环不可或缺的前提条件。生态网络的增强意味着系统能更加有效地利用输入的能量，加强系统各部分之间的协作。生态网络的增强可以使物质和能量得到再利用和循环，增加其利用效率[102]。

信息量的增加体现在两个方面：属于垂直进化的基因组信息量的增加[75]，以及生物多样性增加导致的生态网络及其信息量的增加，后者属于水平进化。如果将建筑视为复合生态系统的一个物种，一方面，现代技术进步促使建筑不断进化，建筑系统与外界环境网络复杂性增加，不断发展的高性能建筑内部能量网络也越来越复杂，信息量越来越大，这属于垂直进化。另一方面，地域乡土建筑在不断进化的过程中，不仅塑造了风格各异的地域建筑，还积累了大量的生态建造智慧，该特征所体现的多样性是建筑系统水平进化的表现[103]。

图4-1阐释了系统的信息增强的两种情况：两者都遵守热力学第二定律，所不同的是当能源匮乏时，系统（X）的能量转化过程是直接、线性的，并建立一个稳定态以使能流和熵的增长最小化；当能源丰富时是通过结构组织，建立一个贮元（B），所贮存的转化能具有对自身输入流起放大作用的反馈性质。信息的增强可以增强系统功率的能值，这是自组织系统反馈环境信息、调整优化自身能流网络结构的基础方式[104]。

建筑能流网络作为一种人工系统的结构化模型，同样具有生态系统生长和发育的特点。类比至建筑能流网络的发展，可以概括为网络质量和网络流量两个方面的特性，质量是指网络的增强和信息量的增加；流量是指能量和数量（图4-2）。

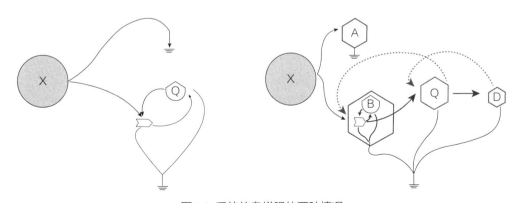

图4-1 系统信息增强的两种情况

（来源：改绘自：ODUM H T. 系统生态学[M]. 蒋有绪，徐德应，等译. 北京：科学出版社，1993.）

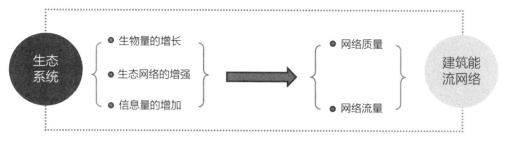

图4-2 建筑能流网络的两种发育特性

网络"质量"偏重网络的稳定性，涉及冗余度①和枢纽节点②。冗余度是关联网络稳定性的一个量。于建筑能流网络而言，冗余度即建筑能流网络的节点间存在不止一条的连边，且节点间的多条连边具有保持网络稳定的力量。当网络稳定性和效率受到影响，或发生网络故障时，则主要表现为级联失效。级联失效的程度取决于最初失效的节点在网络中的位置及其容量大小：最初失效节点越大且地位越核心，则级联失效程度越大且网络稳定性越低。因此，枢纽节点的大小及位置分布也是影响网络稳定性的因素。

建筑能流网络的流量即能量。网络"流量"偏重网络的高效性，系统发展不同过程中的能量数量和质量，可以通过能值进行衡量与比较，建筑能流网络中不同节点构成要素的能值不同，节点间的能量传输效率也不同。建筑能流网络的"质量""流量"两方面特性共同影响着网络结构与功能的关系，因此这二者也是优化建筑能流网络时，需要着重考虑的两方面本质特性（图4-3）。

因此，基于建筑能流网络的两种发展特性，本研究提出两种方式对建筑能流网络的可持续性进行综合评价，即基于信息的能流网络本体评价和基于能值的环境整体评价。前者强调对能流网络内部结构性能的可持续评价，后者强调建筑能量系统对环境的调控与影响。

---

① 系统中存在并行的组件和功能，且能在需要时相互替代丢失的组件和功能，称为冗余。
② 网络中存在级联失效现象，级联失效指网络中一个节点失效，该节点的负载会转移到其他节点上，当这些额外负载较小时，局部失效可以被网络无形化解，反之，当失效节点转移给其邻居节点的额外负载过多时，其邻居节点就会随之失效转移到下一节点。

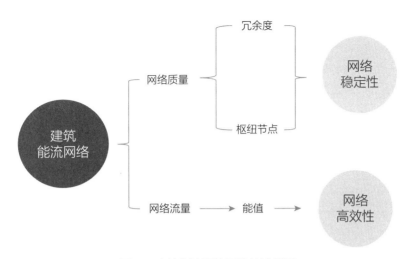

图4-3 建筑能流网络两种特性解析

4.2 建筑能流网络的评价指标

4.2.1 网络本体可持续性评价指标

建筑能流网络的稳定性和高效性两种发展特性都体现出网络所具有的复杂性。网络复杂性是关于系统组成成分及其联系的性质，并通过信息的概念来度量。信息、能量与物质共同构成了热力学语境中的三个概念，信息可以被定义为能量或物质分布的不确定性，是系统运行的关键属性。通过度量与网络属性相关的信息指标，可以对能流网络的结构本体进行衡量，从而评价网络的复杂性并判断能流网络发展的状态。

本书借鉴乌拉诺维奇以信息（H）、平均互信息（AMI）、冗余度（L）三个主要信息指标对网络的组织进行度量。信息是整体网络的复杂程度的度量，平均互信息描述的是网络单元间的有组织联系，冗余度描述的是网络中的无组织联系。网络组织的信息和平均互信息是基于网络单元之间的联系性（不确定性）表达，对应于各种能量流通道[97]（表4-1）。

符号	单位	术语	数学定义	生态网络分析定义
信息指标				
H	bits	香农指数	概率分布的不确定性	个体资源流动多样性
AMI	bits	平均互信息		1. 有效资源转化部分 2. 生态流组织有序性
L	bits	冗余度	$L=H-AMI$	1. 生态流通道选择自由度 2. 系统弹性

（1）信息（H）——网络复杂性的度量

信息本质上是"事物运动状态和存在方式的不确定性描述"。1948年，香农首先提出了信息的数学定义和公式。在热力学系统中，它被解释为能量或物质分布的不确定性。信息描述了生态系统中网络流结构的复杂性，它也被用作新陈代谢构建网络潜在力量的替代度量。当通过信息配置系统能量代谢时，流量复杂性或总不确定性的系统信息量通过$T_{i,j}$（来自系统组件i到j的流量）与T（作为流量选择的不确定性的系统总吞吐量）之比的对数来计算：

$$H = -\sum_{i=1}^{m}\sum_{j=1}^{n} \frac{T_{ij}}{T} \log \frac{T_{ij}}{T} \qquad (4\text{-}1)$$

其中m是i的流出路径总数，n是j的流入路径总数。但是，信息不能解决网络通道之间的依赖性或互通问题，因此，要使用平均互信息来衡量单元之间的互连程度。

（2）平均互信息（AMI）——网络组织化程度的度量

在数学上，将平均互信息定义为某事件本身的不确定性（H）减去另一"已知"事件后，对某事件仍然存在的不确定性（L）。平均互信息（AMI）是单个流的不确定性的加权和。假设一个简单的二进制网络由两个元素组成，即i和j（图4-4），从i到j（f_1）的流量产生了流量能力的约束（图4-5）。但是，随着j形成正反馈路径（f_2），j的流动可能反过来影响f_1。因此，i和j同时成为"源"和"库"。平均互信息（AMI）量化了两个节点之间的关联程度。对于这对节点，"相互"是指由于反馈或不特定的源连边而导致的直接与间接关系。

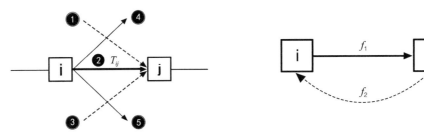

图4-4 节点能量流动示意图1　　　　　　　　图4-5 节点能量流动示意图2

$$AMI = \sum_{i=1}^{m}\sum_{j=1}^{n}\frac{T_{ij}}{T}\log\frac{T_{ij}T}{T_iT_j} \tag{4-2}$$

其中，m是i的流出路径总数，n是j的流入路径总数。T是系统总吞吐量，T_i是从i流出的总流量（②+④+⑤），T_j是流入j的总流量（①+②+③），$T_{i,j}$是从i转移到j的流量。同时，流分布中的残余不确定性可以定义为冗余度（L）。

$$L = H - AMI \tag{4-3}$$

基于对网络组织复杂性的划分，乌拉诺维奇将信息（H）对应网络结构的复杂性，将平均互信息（AMI）对应网络的组织性，并将网络组织的复杂性与网络组织化程度的比值对应能流网络的效率（AMI/H），进而作为整体系统平均效率的度量，该比值是衡量系统朝着最大功率目标发展的重要一环。

此外，乌拉诺维奇通过系统规模—整体能量流的吞吐量（T）结合信息，提出信息容量（C）、优势（A）、间接成本（ϕ）和稳定性（R）[105]作为网络的可持续指标。系统规模通过能值的概念度量了整体能流的吞吐量，从而将能值与信息的概念结合，更全面地评价系统的可持续性（表4-2）。

网络的可持续性指标　　　　　　　　　　　　　表 4-2

符号单位		术语	数学定义	生态网络分析定义
可持续性指标				
C	bits · size	容量优势	$C = H \cdot T$	
A	bits · size		$A = AMI \cdot T$	
ϕ	bits · size	间接成本	$\phi = C - A$	
R	bits · size	健定性（鲁棒性）	$R = F \cdot T$	

符号单位		术语	数学定义	生态网络分析定义
可持续性指标				
TI	bits · sej	总信息	$TI=H \cdot Em$	生态系统输入功率的代理度量
F	无	适应性	AMI（A）与 H（C）比值的对数	适应程度

乌拉诺维奇发现，网络的发展往往会增加容量和提高优势，这对应最大功率和最佳平均效率。因此，他还将冗余度（*L*）定义为系统弹性，即系统发展的潜力和重组网络的能力。此外，乌拉诺维奇对既有可持续指标进行整合，提出生态系统弹性的新指标，即"适应性（*F*）"和"稳健性（*R*）"。适应性是优势（*A*）与容量（*C*）的比率乘以比率的对数，稳定性是每个元素的适应性的总和，表示能量量子对生态系统阶数的平均不确定性，即有效能量有效积累的归一化因子。

乌拉诺维奇在H. T. 奥德姆"中间效率实现最大功率"的推断基础上，通过一系列实验证明在平均效率（*AMI/H*）达到0.37时系统具有最高的适应性（*F*），从而实现最大功率。平均效率越高的情况下（＞0.37），较大的网络组织化程度使网络过于有序，从而使网络的稳定降低。网络本体适应性在平衡点（0.3668，0.5307）

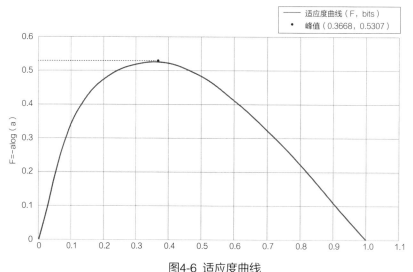

图4-6 适应度曲线

（来源：改绘自Hwang Yi, William W. Braham, David R. Tilley, Ravi Srinivasan. A metabolic network approach to building performance: Information building modeling and simulation of biological indicators[J]. Journal of Cleaner Production, 2017.）

处达到最大值（图4-6）。因此，建筑能流网络在整体系统达到0.37的最佳平均效率这个条件下，具有最好的适应性和效率，从而实现系统整体的最大功率与可持续发展的目标。

通过以上模型测算出建筑的基础可持续指标之后，再根据基础指标扩展出乌拉诺维奇提出的信息容量、优势、间接成本和稳定性的可持续指标公式来评价能流网络发展的可持续性，形成了网络本体可持续性评价指标（表4-3）。

网络本体可持续性评价指标 表4-3

评价指标	计算方式	设计目标
信息/香农指数（H）	概率分布中不确定性的度量	—
平均互信息（AMI）		
冗余度（L）	$L=H-AMI$	高冗余度
稳健性/鲁棒性（R）	$R=F \cdot T$	高稳健性
总信息量（TI）	$TI=H \cdot Em$	高信息量
适应性（F）	AMI（A）与H（C）比值的对数	高适应性

4.2.2 环境整体可持续性评价指标

信息指标可以从网络的本质属性与底层结构出发，呈现绿色建筑能量系统的内部系统动力学机制，从而客观地测度绿色建筑能流网络的运行与发展情况，阐释能量和物质如何交互调整系统的效率和功率。

能值分析提供了衡量和比较各种生态流的共同尺度，这些生态流往往由多种物质流、能量流、信息流构成。能值分析可以衡量分析整个自然界和人类社会经济系统，定量分析资源环境与经济活动的真实价值以及它们之间的关系，定性地解释能量层次和从高质量到低质量能量流动方向，是环境核算领域中评价复合生态系统可持续发展潜力的重要方法[106]。建筑能量系统的评估必须在特定目标导向下，借助一系列的参数，根据实际需求选择合理的方案。本研究借鉴基尔·莫和斯里尼瓦桑在建筑能值分析方法中运用到的能值评价参数并作出总结，寻找一种能够整合整个物质世界中自然系统与人工系统能量水平的评价方法。

（1）能值产出率（*EYR*）

能值产出率是衡量系统生产效率的标准，与经济分析中的"产投比"相似，*EYR*越高，表明系统获得一定经济投入时，产出的能值越高，即系统的生产效率越高。具体表述为：系统产出净能值（产出能值减生产过程耗费的能值）与经济反馈（输入）能值之比等于能值产出率（*EYR*）。其中经济反馈能值来自人类社会经济，包括燃料、各种生产资料及人类劳务。能值产出率是衡量系统产出对经济贡献大小的指标。

（2）环境负荷率（*ELR*）

环境负荷率是系统不可更新资源投入能值总量与可更新资源能值总量之比。反映环境的承压状态。环境负荷率越大，说明产出相同能值需投入的不可再生资源越多，环境压力越大。能值产出率*EYR*用以评价系统的产出效率，而环境负荷率*ELR*用以评价系统的环境压力，二者分别评价了系统可持续发展性能的两个方面。

（3）能值可持续指标（*ESI*）

美国生态学家布朗（Brown. M. T）和意大利生态学家乌尔吉亚蒂（Ulgiati. S）在能值产出率和环境负荷率的基础上提出能值可持续指标*ESI*，定义为系统净能值产出率与系统环境负荷率之比，即*EYR/ELR*，确切地反映了既要保证适度的社会经济增长和结构优化，又要保证资源的永续利用和生态环境的优化，从而达到生态环境与社会经济相协调，实现持续共进、有序发展。

（4）可再生率（%*REN*）

可再生率提供了对建筑环境中使用的可再生能源的直接评估标准。降低生产以及不可再生能源的投入将提高建筑的可再生率。

（5）能值投资率（*EIR*）

能值投资率可以衡量项目在当地的环境投资，包括可再生能源和不可再生能源，并与"从经济中购买的投入"进行了比较。

对于建筑能流网络而言，以上可再生率、能值投资率、能值产出率、环境荷载率、能值可持续性指数是衡量其所在生态环境整体效益的可持续性评价指标（表4-4）。

环境整体可持续性评价指标   表 4-4

评价指标	计算方式	设计目标
能值产出率（EYR）	$EYR=Y/Fn$	高能值产出率
环境荷载率（ELR）	$ELR=(N+Fn)/(R+Fr)$	低环境荷载率
能值持续指标（ESI）	$ESI=EYR/ELR$	高能值持续指标
可再生率（%REN）	%$REN=(R+Fr)/Y$	高可再生率
能值投资率（EIR）	$EIR=Fn/(R+Fr+N)$	低能值投资率

总体而言，可再生率（%REN）是环境和经济输入的所有可再生能值（$R+Fr$）与系统产出能值（Y）的比值，反映建成环境中可再生能源的使用情况，比值越高对环境越有利。

能值投资率（EIR）是来自经济输入的不可再生能值（Fn）与来自环境的无偿能值和经济输入的可再生能值之和（$R+Fr+N$）的比值，衡量的是当地环境的贡献，比值越低说明对环境贡献越大。

能值产出率（EYR）则指系统产出能值（Y）与经济输入的不可再生能值（Fn）之比，衡量的是经济反馈对地域资源的利用效率，比值越高说明系统效益越好。

环境荷载率（ELR）是来自环境和经济输入的所有不可再生能值（$N+Fn$）与所有可再生能值（$R+Fr$）的比，比值越低说明对环境的冲击越小。

能值可持续性指数（ESI）是能值产出率（EYR）与环境荷载率（ELR）的比值，反映系统整体的可持续性大小。

建筑能值分析的可持续指标重点关注建筑与外界环境之间的生态关系。建筑作为人们改造环境的工具，相比依照僵化的标准孤立地评价建筑的可持续性而言，从建筑能流网络的系统生态学规律出发，对系统整体的可持续性进行考量，得到的结论将更加客观、全面、令人信服。

4.3 建筑能流网络的评价工具与方法

在介绍了建筑能流网络的评价指标体系后，本节将向大家介绍如何在能值的基础上，通过以Clark's Crow插件为核心的建筑能值数字化核算工具，对网络本体可持续评价指标和环境整体可持续评价指标进行整合，从而实现对能值数据的拓展，形成较为完整且具有一定实操性的建筑能流网络评价方法。

4.3.1 评价工具

在建筑设计过程中，传统能值分析方法的特性决定了建筑设计过程需要大量的统计数据支持以回应复杂的环境。因此，我们选择从环境模拟数据出发，以自下而上的方式形成数字化平台。建筑能值分析的数字化网络平台基于Grasshopper的插件——Clark's Crow，用于绿色建筑全生命周期能值评价过程中的能值核算阶段。Clark's Crow是Clark's nutcracker的缩写，本译为一种具有极强的长期空间记忆能力的鸟，其开发目的是为建筑师创建一个能够兼容于常用设计平台的插件，以便在设计的早期阶段整合能值分析，从而对建筑的环境生态效益进行定量与定性的综合评价，而非在设计的后期作孤立的分析评价（图4-7）。

1. 菜单　　　　　　2. 设置　　　　　　3. 模拟

图4-7 Clark's Crow的界面介绍

该插件的优势是可以通过链接Ladybug、Honeybee、Butterfly等多个模块，构建较为全面的建筑能量信息模型，使得建筑师可以通过可视化图解的方式，快速融入建筑设计过程中，建立起对日照、太阳辐射、通风及其他环境因素的直观认识，并在建筑性能模拟与能值分析之间建立起紧密的交互机制（图4-8）。

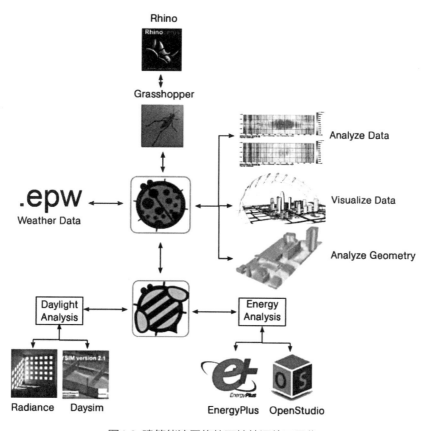

图4-8 建筑能流网络的可持续评价工具集

4.3.2 评价方法

基于以上的建筑能流网络评价工具和评价指标体系，形成了建筑能流网络的评价方法，该方法包含三部分：构建建筑能值信息模型、网络本体可持续评价和环境整体可持续评价（图4-9）。

（1）构建建筑能值信息模型

建筑能流网络的评价首先需要输入数据，用以构建建筑能值信息模型，如建筑全生命周期的总能值、年能值等数据，从而实现基于信息的能流网络本体评价和基于能值的环境可持续性评价。

建筑全生命周期的能源投入包括：生产建造阶段、运营阶段、回收利用阶段投入的能源。生产建造阶段包括：建筑材料自开采、加工、运输产生的能源与将其投

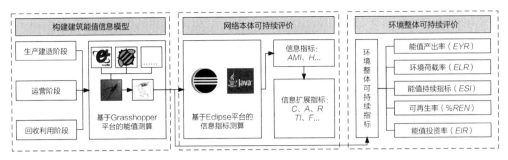

图4-9 建筑能流网络评价方法

入建筑建造投入的能源；运营阶段主要包括各系统使用以及维护投入的能源；回收利用阶段包括建筑拆解、回收和再利用投入的能源。

1）生产建造阶段

生产建造阶段主要分为对能源利用的能值和现场工作的能值。建造阶段能源的利用，主要是建筑材料获取、加工、运输过程中产生的能值，以及现场施工与装配过程中产生的能值。建筑原材料通过材料产地开采获取，再将原材料转移至工厂进行加工，最后运输至施工现场进行建造施工，其中人工劳动和运输贯穿整个过程。现场工作包含的能量流具体为原材料向建筑实体系统的输入，即结构体、围护结构、照明系统、设备系统、内饰设施等。Clark's Crow可定义建筑材料的全生命周期能值。其中运输阶段能值可通过Transport模块输入，Transport组件包含了谷歌地图API，可在计算距离和燃料消耗后，指定原产地位置、目的地以及运输方式。

建造阶段材料的能值具体可分为可再生能源以及不可再生能源的能值。可再生能源的输入能值以气象数据为基础，通过Ladybug插件导入当地的气象数据，然后进行可再生能源能值计算。不同的气候参数可以通过能值转换率的计算模块，根据太阳辐照、风和降雨等可再生资源计算特定位置的可再生能源总量。通过此模块，可以测算出可再生资源输入建筑的所有流量，再通过能值转换率转换为能值用于计算。可再生能源能值计算公式为：可再生能源能值=年可再生能源输入×UEV [①]（单位sej/J）。

不可再生能源的输入能值包括建筑材料能值和其他能值两个部分。不可再生材料的能值计算公式为：建筑材料能值=（材料密度×材料厚度）×UEV（单位sej/g）。

---

① UEV，能值转换率，全称为Unit Emergy Value。

建筑材料能值的设置，允许用户部分定义建筑或体量的结构、表面或材料类型，然后在模拟阶段获得指定几何形状的能值分析。目前可以在为Rhinoceros设计的Grasshopper环境中使用Honeybee插件，访问EnergyPlus（EP）材料库，以获得这些组件。Honeybee提供了建筑材料的各项性能参数，如材料的密度和厚度。使用Clark's Crow进行材料的能值计算时，设置zone进行测算，Clark's Crow中考虑的一般是建筑的构造组成，如外围护结构、窗户、楼板、屋顶等。首先通过Grasshopper软件进行参数化建模，建立模拟所需的建筑与场地空间并进行识别，再输入各构件的材料构造层次与其密度、占构件的比率。建筑材料能值的核算用于全生命周期的建造阶段，建造阶段包含的能量流具体为：原材料向建筑实体系统即围护结构、照明系统、设备系统、内系统的输入。

除建筑材料外的其他能值计算，可以通过自定义模块，根据需求输入数据收集的值乘以目标UEV值进行自定义编辑作为补充。

现场工作的能值主要包含现场土地使用、人力劳动和运输过程所产生的能值。土地使用包含了对表土挖掘等方面投入的能值。人力劳动的输入包括每年工作的小时数和每天消耗的卡路里，通过输出修改劳动UEV，最后输入到能值模拟中。

通过上述操作，可以计算得到建筑在生产建造阶段的能值。

2）运营阶段

建筑运营阶段主要以各项系统为对象进行能值分析，包含了建筑各个系统对可再生能源的利用，以及其自身运行与维护产生的能耗。对可再生资源的利用是指：在特定场地中，建筑各系统通过获取可再生资源，并将其转化为可供建筑自身运行使用的能源。其中，主动式建筑可将获取的可再生能源转换为电能，在满足自身使用的情况下输送到建筑以外的系统中。建筑自身运行的能耗，是通过Honeybee模拟测算年度运营能耗、建筑满足建筑负荷所需的能源来源、建筑表面的UEV乘以原始数据，最后转换成能值进行核算。建筑维护包括：对建筑围护结构翻新以及设备系统维护产生的能耗；设定建筑维护年限，将外部能流输入至建筑系统中以保证建筑系统正常的运营所需的能耗。

3）回收利用阶段

建筑回收利用阶段（EOL）主要考虑包括拆除、收集和垃圾填埋建筑材料产生的能值，其定义为遵循传统的城市固体废物处理方式，对寿命结束的建筑进行处理。其中某些材料（如混凝土和钢的副产品）可加以回收利用形成闭环循环。副产品的使用涉及回收过程，其中一个过程的副产品可能被用作另一个材料生产过程的输入。就砖而言，木材废料（副产品）可以作为烧砖时使用的部分燃料的替代品，从而减少所需购买燃料的数量。因此，建筑生命周期结束阶段可分为两类能量流向：一类是作为废料流向垃圾填埋场进行填埋，另一类是通过回收利用流向下一座新的建筑，以达到循环高效的能源使用。Clark’s Crow中的材料能值测算模块可以结合回收和填埋材料的体积，测算出两条路径产生的能值。

（2）网络本体可持续评价

能流网络本体评价本质上是对能流网络自身性能的评价。建筑能流网络的复杂性主要体现在网络的平均效率与适应性两个方面，并通过信息指标对其进行度量。为方便得到建筑能流网络的信息指标，本研究基于Eclipse平台，通过Java语言开发了计算建筑信息指标的软件，以便通过计算机复现基本可持续指标*H*和*AMI*的数学公式，快速获得系统的平均效率。

基于建筑能值信息模型的构建，可以将建筑全生命周期的总能值和年能值等数据进行输入，从而实现与软件的链接。为了方便计算，将建筑能流网络图转换为二维矩阵，时间变量则通过与年份相同的多组数据体现。数据通过计算机编程将公式写入计算机，使50年能量流数值转换为矩阵表，并使用java语言在Eclipse中对*H*与*AMI*的数学公式进行编写（图4-10）。

0	0	0	0	0		0	0	0	0	0	0	0	0	0	0	0	0
0	0	0	0	0	0	0	FR-1	FR-2	FR-3	0	0	0	0	0	0	0	0
0	0	0	0	0	0	0	0	0	0	FN1-4	0	0	0	0	0	0	0
0	0	0	0	0	0	0	0	0	0	FN2-4	0	0	0	0	0	0	0
0	0	0	0	0	0	0	0	0	0	FN3-4	0	0	0	0	0	0	0
0	0	0	0	0	0	0	0	FN4-2	FN4-3	FN4-4	FN5-5	0	0	0	0	0	0
0	0	0	0	0	0	0	0	FN5-2	FN5-3	FN5-4	FN5-5	FN6-6	0	FN5-8	0	0	0
S1	0	0	0	0	0	0	0	0	F1-3	0	0	0	0	0	a1	b1	0
S2	0	0	0	0	0	0	0	0	0	0	0	0	0	0	a2	b2	F2-E3
S3	0	0	0	0	0	0	F3-1	0	0	0	0	FN6-6	F3-7	0	a3	b3	F3-E3
S4	0	0	0	0	0	0	F4-1	0	0	0	F4-5	FN6-7	F4-7	0	a4	b4	F4-E3
S5	0	0	0	0	0	0	0	0	0	0	0	0	F5-7	F5-8	a5	b5	F5-E3
S6	0	0	0	0	0	0	0	0	0	0	0	0	F6-7	0	a6	b6	F6-E3
S7	0	0	0	0	0	0	0	0	F7-3	F7-4	0	0	0	0	a7	b7	F7-E3
S8	0	0	0	0	0	0	0	0	0	0	0	0	F8-7	0	a8	b8	F8-E3
0	0	0	0	0	0	0	0	0	0	0	0	0	0	0	0	0	0
0	0	0	0	0	0	0	0	0	0	0	0	0	0	0	0	0	0
0	0	0	0	0	0	0	0	0	0	0	0	0	0	0	0	0	0

图4-10 将有向网络图转换为二维矩阵

Eclipse是一个开放源代码的、基于Java的可扩展开发平台，它是一个由插件、组件构建开发的环境框架。Eclipse附带了一个标准的插件集，包括Java开发工具（Java Development Kit，JDK），具体操作如下。

1. 首先通过JxlReadDemo类接收Excel表里的数据，通过静态数组$f_{R,j}$等进行存储，接着接收相应的数据并求和，最后存储到T等数组中。

2. 通过H b类对公式进行java语言的编写，然后将在JxlReadDemo类中接收的数据求和并存储到数组hbsum中；AMI b类同理。

3. 在分别得到H和AMI的和之后，通过主类result进行两者相减和比值的计算，以及按50年的先后顺序，对差与商、H与AMI进行规范输出。

4. 其中Logarithm类用于求对数，Time类用于定义T的静态数组。

通过该程序输出的AMI/H值，可以用于评价建筑的整体平均效率和适应性。同时可由输出值计算出信息扩展指标A、C、ϕ、R。需要说明的是，物质和能量流动模式调整中的信息指标之间存在因果关系，但是其与能值的关系还需要深入研究。尽管如此，我们仍可以基于建筑能值信息模型获得建筑的各项可持续指标，以系统整体最佳平均效率下的最小总能值为目标，提出能量流对应的宏观建筑设计策略，并以此指导调整信息的大小，使得建筑全生命周期的能量流网络处于一个合理的效率区间，最终实现建筑与生态系统之间可持续发展的目标。

（3）环境整体可持续性评价

通过将建筑相关能量信息输入能值信息模型，可以结合相关能值转换率导出建筑全生命周期内的各项能值，形成建筑的能值清单，包括各项目的单位能值和全生命周期总能值输入。借助一系列的能值参数，可以计算前文提到的能值评价参数，形成相关的环境可持续性评价指标，从而衡量建筑能流网络的发展于整体环境中的可持续性。

4.4 小结

综上所述，本章基于系统生态学原理下生态系统的三种生长形式，解析了建筑能流网络的两种主要发展特性：稳定性和高效性。借鉴乌拉诺维奇的信息指标和生态性能参数，从网络自身发展前景的角度，构建了网络本体可持续评价指标。此外，基于H. T. 奥德姆及其能值理论研究者提出的一系列基本能值指标，结合建筑能流网络自身的发展特性，构建了环境整体可持续性评价指标，从而形成了建筑能流网络的评价指标体系。

通过选取以Clark's Crow插件为核心的建筑能值核算工具，并链接至适用于建筑能流网络性能分析的相关软件或插件，形成了建筑能流网络的可持续评价工具集，从而实现了对能值评价方法的拓展，形成较为完整且具有一定实操性的建筑能流网络评价方法，为建筑师从能流网络的视角，综合评价绿色建筑全生命周期的性能和可持续性提供了参考。

第5章

绿色建筑能流网络的优化方法

　　网络的发展与系统的动态行为一样，都会受到网络结构的影响。网络既有外在的整体性，也有着由调控机制保持的内在整体性。这种调控机制是通过调节网络结构运行的，以此实现对各种变化或事件作出良性反应，对网络运行时各种错误或不足实现修补和调整，最终实现其发展目标。

　　网络具有很强的适应性。尽管大部分结构自身是由各种无生命的要素构成的，但由于自组织的特性，系统常能通过局部的瓦解来进行自我修复。只要通过适当的优化方式，便可以实现网络的自我进化、演变，从而生机勃勃地生存下去。

　　本章将具体阐释建筑能流网络的三种优化方式，并结合"类自然"和"人工"两种类型建筑能流网络的结构特性和功能定位，探讨两者未来的运行趋势与发展目标。

5.1 三种优化方式

　　建筑能流网络的优化是由建筑能流网络稳定性和高效性两种发展特性决定的，对应了网络的质量与流量。因此，基于建筑能流网络的评价体系，可以发现，评价能流网络的运行需要从网络本体的可持续性和环境整体可持续性两个方面出发。也就是说能流网络的优化不仅需要考虑能流网络的内部结构，还需紧密联系与外部环境节点之间所形成的网络关系，即外部节点存量到网络之间的存—流量关系，以及连边的紧密程度。

　　作为影响建筑能流网络运行的决定性要素，网络中各节点的存—流量和节点连边形成的反馈回路之间的相互关联作用是网络优化的直接对象。建筑能流网络通过由节点、连边形成的网络结构，以及能量流形成的网络驱动力，共同促使其进行动态演化。面向系统最大功率目标下的可持续发展，针对建筑能流网络的优化，有以下三种优化方式：调节网络的存—流量结构、调节网络反馈回路和调节网络延迟效应。

5.1.1 调节网络存—流量结构

在建筑能流网络模型中，8个枢纽节点中构成要素的能量可视为建筑系统的存量，不同要素中能量包含的信息量体现了存量的大小。存量与流量本身就是一个相互影响的关系，由流量和存量共同组成的存—流量结构，会对建筑能流网络的运行产生巨大影响（图5-1）。

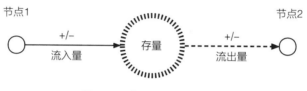

图5-1 网络的存—流量结构

二者关系产生的不利影响表现为建筑能流网络运行不顺畅、能量利用效率低，进而引发资源浪费、耗能以及人工投入资金成本过高等问题，从而影响建筑能流网络的动态演化。其背后的根本原因在于节点与连边的结构布局存在问题。因此，根据不同类型网络功能对存—流量结构的布局进行优化是改变网络运行的重要手段之一。

重建网络是改变网络结构慢且昂贵的办法，改变一个已建成的、庞大且耗时耗力的建筑能流网络结构，通常周期长且见效慢。因此，需要规划好网络的存—流量结构，也就是不同类型建筑的建设规模等，在尽可能发挥它们最大效率的同时，避免出现较大的波动或扩张而超出其承受能力，确保网络的稳定性。此外，还可以通过置入"缓冲器"来确保网络的稳定。"缓冲器"本质上是一个拥有较大存量且稳定性较强的能量子系统，可以理解为是一个存量比流量更加庞大的节点要素。它可以影响周围其他子系统的形式与功能，使系统保持动态的稳定。但是，倘若缓冲器过大，其反应速度相较于系统的变化将过于缓慢，使得系统调节速度过慢、缺乏弹性，会造成能量"供不应求"，效率低下的问题；相反，反应过快则会造成能量"供过于求"，两者都造成能源浪费。因此，要建立、扩大或维护某些缓冲器的容量，控制并调整其总能值的大小处于合适的范围，才能真正使能流系统稳定运行，在尽可能发挥它们最大效率的同时，避免出现较大的波动或扩张，超出其承受能力。

5.1.2 调节网络反馈回路

网络中反馈回路是指从某一个节点出发，根据节点存量当时的状况，并经过一系列的决策、规则、物理法则或者行动，影响到涉及存量与流量变化的连边。按照行为不同，反馈回路可划分为两类：一类具有自强化行为，使系统偏离初始状态越来越远，称之为"增强回路"，又称"正反馈"；另一类具有自收敛行为，是努力把系统拉回到原来的状态，称之为"调节回路"，又称"负反馈"。调节网络的反馈回路是使系统维持动态平衡的反馈机制（图5-2）。任何一个系统都存在驱动其成长的诸多增强回路，以及限制其增长的调节回路。

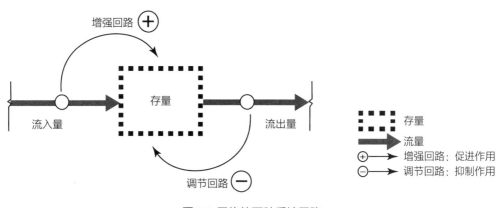

图5-2 网络的两种反馈回路

增强回路是自我强化的，是系统中出现增长、爆发、腐蚀和崩溃的根源，每运作一次就能获得更大的强化自身运转方向的力量，加快系统的行为朝原有方向运转。如果系统中存在一个不受抑制的增强回路，该系统最终会被其摧毁。通常，系统或早或迟都会激活一些调节回路，来抵消其影响。

调节回路是自我修正的，能够将相关联的存量保持在预定目标值附近。调节回路上所有参数和连边的组合状况，决定了调节回路检测的准确性与速度、反应的灵敏度和力度、校正流量的直接性以及规模。为了改善系统的自我校正能力需要增强调节回路的力量。调节回路的力量需要与其预定要校正的影响大小相对应。可能影响的力量越大，调节回路的实力也越强。

在建筑能流网络中，如果调节回路与增强回路的主导地位发生变化，反馈回路呈现的问题也会随之变化。当调节回路占主导时，调节回路的力量需要与其预定要校正的影响大小相对应，可能的影响力量越大，调节回路的实力也需越强，否则就有可能无法发挥校正的作用，出现能量"供不应求"的现象。当建筑能流网络中增强回路占主导时，如果增强回路不受约束，则会出现能量"供过于求"的现象，同样也会造成能耗增加、能源浪费的现象。

反馈回路直接作用于建筑能流网络的流量连边，间接作用于建筑能流网络的存量节点。不同类型的能流网络中不同节点的目标存量值需求各有不同，每条连边的流量值大小亦不相同。

5.1.3 调节网络延迟效应

由于流量流经各不同存量大小的节点需要时间，所以系统的运行需要一定的时间，系统对于存量发生变化作出的反应，也存在延迟效应。这种由反馈回路中产生的时间延迟，对系统行为有着显著的影响，是造成系统震荡、偏离正常稳定运行范畴的主因（图5-3）。

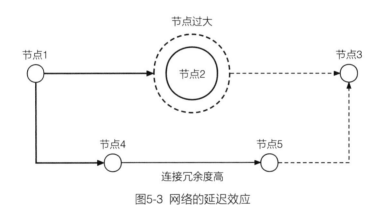

图5-3 网络的延迟效应

在建筑能流网络中，每个节点在与其他节点构成大的能流网络的同时，每个节点自身内部也存在小的能流网络，我们将其称之为网络的层级性。在建筑能流网络运行过程中，流量在穿越层级结构时会带来时空里的延迟效应。建筑能流网络的层级性决定了其运行时，能量流动必然会存在一定的延迟，导致下一节点接收信息的延迟，进而造成整个建筑能流系统能量效率低、能耗高等问题。具体表现为：如果延迟时间太短，容易导致反应过度，导致系统震荡被放大，破坏系统平衡；相反，如果延迟时间太长，将导致反应迟钝。系统的震荡得以衰减或突然爆发取决于延迟时间的长短。对于存在某个临界值或危险水平的能流系统来说，一旦超过了一定限度，过长的延迟将造成不可逆转的伤害，从而导致矫枉过正并崩溃。尽管时间延迟是无法消除的，但可以通过调整变化的速度来削弱影响。

基于三种能流网络的优化方式，可以根据不同建筑网络类型的网络特性和运行趋势，以最大功率为目标，找到对应的优化路径（表5-1），从而指导绿色建筑设计策略的生成。

建筑能流网络的优化路径   表 5-1

优化方式	优化路径
调节网络存—流量结构	通过均衡配比网络节点与连边的存—流量，使网络在提高效率的同时趋向稳定
	通过设置"缓冲器"以稳定能流网络的运行
调节网络反馈回路	通过提高反馈回路的能量传输效率以提高建筑能流网络的平均效率
	通过增加反馈回路的数量，使网络稳定性增强
调节网络延迟效应	通过适当减少枢纽节点间连边的数量，以减小网络延迟效应
	通过适当减小枢纽节点的存量，以减小网络延迟效应

5.2 建筑能流网络的发展目标

上述三种优化方式是设计师从网络分析的视角，对不同能流网络进行优化的基础。无论是类自然网络还是人工网络建筑，都需要结合不同建筑能流网络的结构和功能定位进行优化。换言之，尽管两种基本类型的建筑能流网络在结构性特征和运行趋势上有较大的差异，但站在能流网络优化的视角上，两者具有相同的发展目标。

在不同时代的建筑能量—能值强度谱系中，类自然网络建筑更接近于工业化前的建筑，其能量消耗低，在以农业和畜牧业为主的生产方式下，使用低能值的建筑材料，建造分布于不同地区的建筑，这类建筑往往具有很强的地域性特征。随着工业化带来的社会生产方式的改变，建筑从技术、材料、建造方式等方面都发生了巨大的变革，当代建筑极大提升了建筑材料和能源的能值强度，也将建筑总体的能量消耗提升至前所未有的新高度。在这一巨大变革的过程中，逐渐诞生了人工网络建筑。随着绿色建筑理念的提出和绿色建筑技术的发展，尽管两种基本类型的建筑都朝着低能耗的方向发展，并适当下调了建筑的整体能值，但是并没有从根本上改变对能源的利用方式。换言之，其仍然没有摆脱对不可再生能源的大量消耗，新技术的创新也没有实现建筑系统对可再生能源转型的目标。

　　系统生态学视野下，类自然网络和人工网络的发展有以下共同点：都追求生态系统的最大功率目标；随着信息量的增加，网络模式不断复杂；都处于系统的发展阶段（图5-4）。

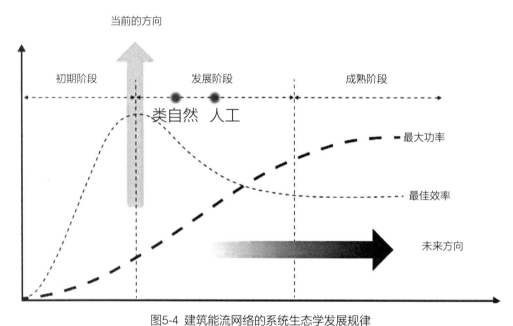

图5-4 建筑能流网络的系统生态学发展规律
（来源：改绘自 Hwang Yi, William W. Braham, David R. Tilley, Ravi Srinivasan. A metabolic network approach to building performance: Information building modeling and simulation of biological indicators[J]. Journal of Cleaner Production, 2017: 165. ）

　　从网络科学的视角分析，建筑能流网络实现生态系统最大功率目标的前提是不断增加网络的复杂性（图5-5），也就是提高网络的稳定性和高效性。一方面，依据最大功率原则，系统不是受到物质或能量的限制，而是受到它们的使用方式的限制。换言之，在系统性能中，对外部环境的反应能力和管理能力远比资源数量更重要。此外，在建筑能流网络中，信息是衡量网络复杂性的重要手段，更扮演着调控

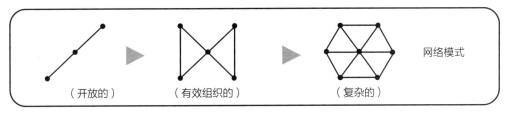

图5-5 建筑能流网络的网络发展规律

（来源：改绘自Hwang Yi, William W. Braham, David R. Tilley, Ravi Srinivasan. A metabolic network approach to building performance: Information building modeling and simulation of biological indicators[J]. Journal of Cleaner Production, 2017: 165. ）

能流网络发展的关键角色。热力学从一开始就体现了信息对于调节有用能量过程的重要性：瓦特蒸汽机的关键部分是他发明的机械调速器，用于自动"节流"供给发动机蒸汽，使其速度保持恒定。使用信息手段实现系统的高性能在战略上是明智的，因为信息可以被复制和超越[107]，而且信息的放大比能量和物质的额外投入容易得多，况且能量转换的宏观调控只受到少量信息的约束[108]。因此，从能流网络优化的角度，信息调节可以促进绿色建筑朝着系统生态学视野下的最大功率目标不断发展。未来绿色建筑的发展是建筑和机械设备系统之间的共同发展，追求合适的整体系统平均效率、能源使用率，其关键在于：①如何通过技术手段增强建筑的"动力"，稳定建筑的"运行"；②当新能源和创新技术出现时，如何通过网络优化的方式，在满足人居舒适度的基本要求的基础之上，重建具有网络本体和环境整体可持续性的能流网络。

从传统的乡土建筑、现代建筑到高性能的智能反馈式建筑，随着技术进步和建筑进化，建筑系统与外界环境之间的信息关联逐渐增加导致了网络复杂化，这体现了信息反馈网络增强对于实现整体系统的最大功率目标的重要性。因此，随着建筑能量的需求越来越大，想要达成最大功率目标，我们需要带着21世纪的知识、技术和期望回到18世纪利用可再生资源的出发点（图5-6），通过不同设计策略重新组合材料和能源的能值强度，转换思维将开发成本投入到新能源使用的方向上，采用创新性的主、被动式技术，最大限度地获取可再生能源，将高质量的燃料和电力等能源通过高技术手段进行能量浓缩，渗透到建筑建设和运行的各个方面，从而形成更加高效稳定的能流网络。这是必然的趋势，也符合建筑能流网络和整个社会经济发展最大功率的目标。

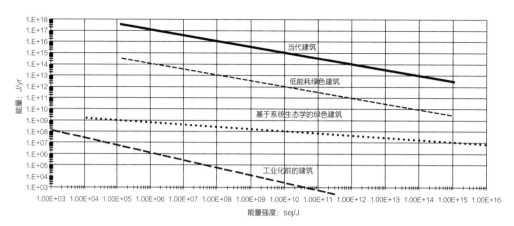

图5-6 不同能值转化率的建筑能值强度谱
（来源：改绘自William W. Braham, Architecture and Ecology: Thermodynamic Principles of
Evironmental Building Design in Three Parts, 2016.）

5.3 小结

综上所述，本章以影响网络动态发展特性的关键——网络结构作为切入点，解析了网络实现自组织、自适应行为以及最大功率目标的三种优化方式，即调节网络的存—流量结构、调节网络反馈回路和调节网络延迟效应。基于三种建筑能流网络的优化方式，探讨了"类自然"和"人工"两种基本类型的建筑能流网络在系统生态学视野下和网络分析的角度是如何共同发展的。第六、七两章将进一步探讨如何以能量组织为线索，实现从网络优化到绿色建筑设计策略的生成，以及在绿色建筑设计实践中的体现。

第6章

基于能流网络优化的绿色建筑能量组织

21世纪以来，在建筑热力学、建筑与环境调控等相关理论研究的基础上，随着数字技术和网络科学的发展，人类社会迎来了数字信息文明时代。建筑设计中能量组织的线索贯穿了建筑的发展历程，从传统建筑中的空间建构语言发展到现代建筑中的技术调控语言，并伴随着绿色建筑的出现，受到越来越多国内外学者的重视。随着对能量视角下绿色建筑设计研究的不断深入，人们逐渐形成基于能量流动进行建筑形式生成与空间操作的设计思维。

为了将能流网络分析的方法融入绿色设计研究中，本研究在第三章构建了以"环境、建筑与人"为内涵的建筑能流网络。本章将继续以此为研究对象，研究最大功率目标下绿色建筑的设计原则与目标；重点以能量组织为线索，剖析绿色建筑的能量组织方式、能量组织机理和能量组织策略，从而形成从能流网络优化到绿色建筑设计流程的转译；最终以能量组织为内核，将网络优化的方法融入绿色建筑设计流程的3个阶段，形成基于能流网络优化的绿色建筑设计方法。

6.1 设计原则与目标

6.1.1 建成环境的最大功率原则

建筑具有不动产的属性，其物质和空间的载体是土地。土地作为一种热力学资产，通过地质运动板块抬升形成，在水文循环中变化，过程中形成和集中了有经济价值的物质，如岩石、黏土和矿物沉积物，而生物活动则产生土壤的有机成分并建立生态网络。在地形、地理、水文、气候和生态系统相互作用下，土地有着场地的矿业、林业、农耕或人居建设等多种潜力。

自然环境与人居环境之间空间格局的演变遵循了最大功率的原则。帕特里克·格迪斯（Patrick Geddes）在1909年《山谷剖面》中描绘的"占据和区位"有机地呈现了低品位能源主导的早期农业文明时期相对匀质的空间能量布局[109]（图6-1）。艾莉森（Alison）和彼得·史密森（Peter Smithson）重绘的《山谷剖面》中沿河流分布的高密度城市逐渐过渡到高海拔的低密度城镇、村庄、农场，解释了高品位化石能源导向下空间层级的自组织过程：空间中的能量层级越来越明显，物质浓度越来越集中[110]（图6-2）。

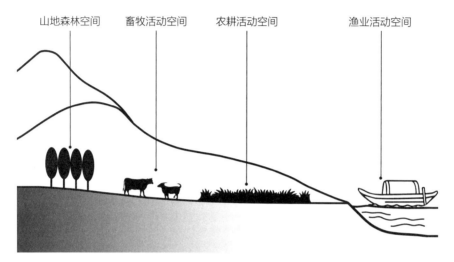

图6-1 格迪斯的自然环境与人类居住之间空间格局
（来源：改绘自William W. Braham, Architecture and Ecology: Thermodynamic Principles of Evironmental Building Design in Three Parts, 2016.）

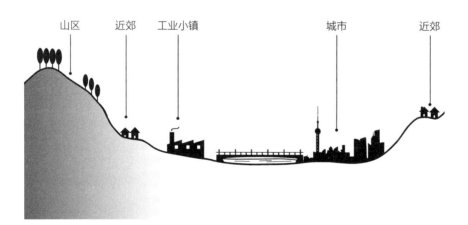

图6-2 艾莉森和彼得·史密森的自然环境与人类居住之间空间格局
（来源：改绘自William W. Braham, Architecture and Ecology: Thermodynamic Principles of Evironmental Building Design in Three Parts, 2016.）

1826年约翰·海因里希·冯·图南（Johann Heinrich von Thunen）提出的"地租理论"阐明：农业经济中土地价值完全是区位性的，其结果是一系列同心圆。前工业经济中财富的米源在很大程度上是对土地的控制，其次是控制通过劳动力和专业技术产品和服务进一步集中的市场[111]。1933年瓦尔特·克里斯（Walter Christaller）提出了"中心地理论"，他将地景分为六角形格子，中心地分为小村庄、

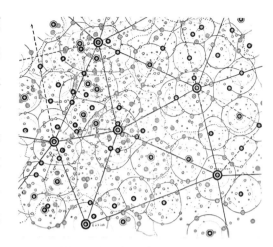

图6-3 克里斯的"中心地理论"
（来源：改绘自William W. Braham, Architecture and Ecology: Thermodynamic Principles of Environmental Building Design in Three Parts, 2016.）

乡村、城镇、城市和首邑五个级别，每个较大的单位供应和控制越来越多的小单位（图6-3）。其理论虽然具有完美的几何学形式，但没有为理解城市的复杂性提供帮助[112]。

工业经济在很大程度上源于从高质燃料和矿物质中提取的能量，其便携性和能量密度超越了较低密度环境资源的区位约束条件。1929年阿尔弗雷德·韦伯（Alfred Weber）提出工业区位论，将区位需求从土地区域的控制几乎完全地转移到了运输中；通过最小化工厂与供应商及其市场之间的运输成本，提出了确定最低成本区位的著名的韦伯区位三角形[113]。像冯·图南的模型一样，区位三角形仍旧没有解释其动力机制。

1991年，克鲁格曼（Krugman）开创了"新经济地理学"，提供了一种更为复杂的模式，演示了在人口增长的城市化反馈放大效应中发展起来的空间层级结构——第一、第二、第三级城市[114]。但是，经济理论仍然不能解释城市规模层级演变的背后能量规律。

语言学家齐普夫（G. K. Zipf）提出了按照人口规模划分的城市层级结构——"齐普夫分布"，城市规模遵循简单幂级数分布，城市人口与其位序成反比，第二级城市规模是一级城市的一半（1/2），第三等级将是其规模的三分之一（1/3），以此类推。齐普夫用"最小努力"原则解释"齐普夫分布"，并提出了发展城市布局和安排中自组织的强大动力，以及赋予建筑区位以价值的观点。齐普夫的解释验证

了系统生态学的最大功率基本原理。

H. T. 奥德姆也得出同样结论：城市层级结构经过长时间发展后产生，可以最大化其所在更大政治和经济系统的力量。最大功率原则可以解释城市空间的动力机制——将更多潜能转化为有序能量而实现财富集中。这不仅是规模问题，而且是能量层级结构的问题：各种强度活动及这些活动投入各种能量流，以增强能量层级结构[115]（图6-4）。1970年代H. T. 奥德姆等人，拟定了佛罗里达州不同类型地景定居点总体蕴藏能量，肯定了住区越大其能量"足迹"也越大这一直观推论，同时注意到了较大住区的基础设施集中度更高，使用的能量质量也更高[116]。

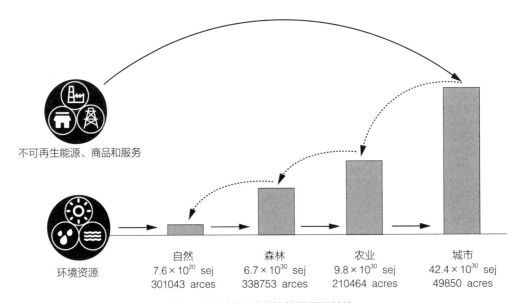

图6-4 从自然到城市的能量层级转换
（来源：改绘自William W. Braham, Architecture and Ecology: Thermodynamic Principles of Evironmental Building Design in Three Parts, 2016.）

从各种专业化做功到协助组织的信息形式，城市空间集中和强化了各种能量流，测量城市中使用的许多资源蕴含的能量，更加凸显了城市提供服务的价值。当前，城市空间已经演变成由可用能源数量及质量改善驱动的、更为复杂的层级化生产网络，从物质、能源到信息网络，能量越来越浓缩、传递速度越来越快。今天的高速交通、郊区和商场形成了可再生大都市的"山谷剖面"。

新的城市空间形态只有通过新技术增强自身力量，才能在促进其所在更大生态和经济系统繁荣的前提下，在可持续发展中走向成功。因此，只有理解城市自组织的背后机制和真实目标，才能帮助人们提出可持续发展政策，并指导整体环境下的建筑设计。由此可见，最大功率、能量层级转换、物质浓度转换原则为高质量的绿色建筑设计提供了可能。

6.1.2 绿色建筑发展的最大功率目标

相对于自然环境来说，经济社会是能量层级结构的高级表现形式，财富过剩的压力启发经济学家欧文·费舍尔（Irving Fisher）提出了货币量化理论：集聚在水池中的水是资本，流入的水流是收入，池中水量越深，消费的压力就越大。可以这样理解，工业化时期碳氢燃料的使用就是为了释放地球的能源压力，从积聚的太阳能"水池"中导出可用能量。

资源匮乏的环境中，最高效率成了最大功率的表现形式，但是"杰文斯悖论"阐明：更高效率节省下来的资源会再次用来投资以增加产量。能量和财富总是在不断增加和集中的，不花费在此处就会花费在彼处。这不仅源于源源不断的太阳辐射，更归功于人类的技术进步、生产力发展、文化演进而不断提升的能量获取能力。

生物的遗传潜能是由生态系统塑造的，唯独人类发展出了技术上的能力。人类在地球生态圈中的能量层级转换升级依赖于与其他物种所区别的技术创新。1959年，莱斯利·怀特（Leslie White）提出：文化发展程度可用能量与转化能量的工具效率之间的简单函数——能量×技术=文化，"E×T=C"[117]。阿兰·约翰逊（Alan Johnson）和蒂莫西·厄尔（Timothy Earle）将文化演进的主要引擎描述为："环境制约下的人口增长和技术发展"[118]。20世纪30年代，建筑师弗雷德里克·基斯勒（Frederick Kiesler）为探究影响建筑设计的协同作用，图解了环境在自然、人类、技术三者交互式作用下的持续进化。建筑系统的不断改进反映了这种自然选择的过程，这一过程既依赖于有目的的设计，更离不开生态系统发展影响下人类技术的不断进化（图6-5）。

现代建筑作为人类适应和改造环境而不断进化的工具，是高性能的工业产品，它存在于从电网、交通到信息网络等庞杂的复杂网络中。不同类型和规模的建筑反映了不同社会团体的物质财富差异，提高了使用者的需求阈值。上一代人的奢侈品成了下一代人的必需品，就像室内供暖和热水系统一样，从创新技术很快成为常规技术。尽管传统的居住和建筑模式有一定的借鉴意义，但是当前的环境效应已成为

图6-5 人类、技术、自然之间的进化关系

系统的、全球性的问题，因此在人口较少的农业社会发展形成的策略将不再有效。

系统生态学视野下的绿色建筑需要继续朝着系统高效、稳定和环境可持续的方向发展，才能在复杂的生态系统中得以长久且繁荣地发展。

6.2 能流网络优化到设计流程的转译：能量组织

6.2.1 从整体到局部、从空间到措施的设计时序

（1）从整体到局部

基于对建筑物质系统中各要素在不同的空间和构造层次的划分，以及外部资源、生产者和消费者进行的能源等级的区分，本书在构建建筑能流网络模型时进行了网络层次结构的划分，确定了各节点所代表的子系统在网络结构中的位置关系，同时反映出建筑物质系统在绿色建筑设计各阶段的特征关系（图6-6）。

建筑的物质系统由各项子系统组合而成，各项子系统都有自身的系统特征和使用寿命。绿色建筑设计关注从整体到局部的设计时序。将绿色建筑系统划分为宏观（外部环境）、中观（建筑形态）到微观（内部环境）三个尺度范围，这三个从宏观到微观互相嵌套的空间尺度，对应了狭义的建筑设计过程中场地设计、形态设计和场景设计三个阶段（图6-7）。

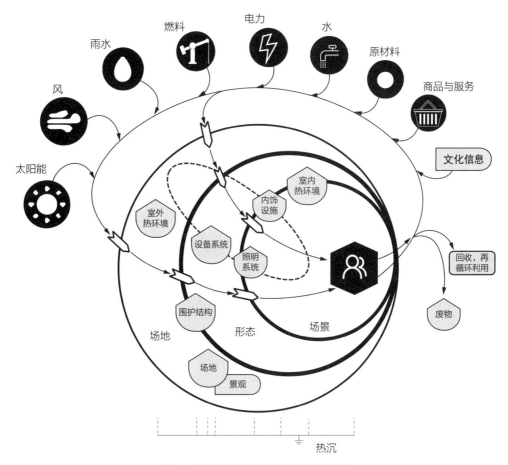

图6-6 绿色建筑能流网络层级结构图

1）场地设计

场地设计是从建筑与环境的关系出发，依据"由外而内"的设计线索，寻找并解决外在设计问题。这里的环境概念可以分为广义和狭义两个范畴。广义的环境维度多元、时空尺度无限，涵盖自然环境、建成环境、社

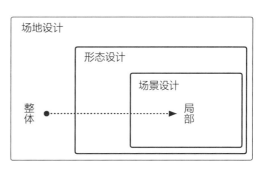

图6-7 从整体到局部的设计时序

会环境、历史文脉等多方面内容。狭义的环境一般指建筑场地及周围的环境，包括场地的气候、地形地貌、地质水文等现状要素，以及周围的建筑、景观、道路、设施等。建筑师要基于建筑的功能类型展开场地设计。设计过程的控制维度将场地设计大致划分为场地分区、实体布局、交通组织和绿地配置四个方面。

2）形态设计

建筑形态包含几何层面的"形"和物理属性层面的"态"两层含义。"形"是指建筑外表面积围合成的几何体，而"态"则是建筑围护结构材料与构造呈现的物理属性。形态设计是基于场地设计，特别是在实体布局的基础上寻找并解决内在设计问题。这里的内在性问题主要来自人的行为、身体和心理等功能需求，对建筑复合空间的组织和对单一空间量和质的约束。建筑形态设计可以划分为抽象的空间形态以及具体的物质形态两个方面。

3）场景设计

建筑场景设计是继形态设计之后，对建筑物质化空间的场景性营造，关注的大多是空间在人使用过程中的内在性设计问题。场景设计进一步从使用者的行为、身体和心理等角度出发，从使用者对空间环境的需求出发，对形态设计进行细化和深化。从建筑的整体性视角看，场景设计具体对应建筑的内部装修、家具、固定装置和各种设备系统，需要建筑师统筹并指导室内、设备、信息等其他专业设计师。

（2）从空间到措施

绿色建筑设计包含了多专业、多维度的共同协作。在正向的空间营造思路里，设计是从宏观到微观，优先考量整体性要素。当面对多种参与要素组合的时候，需要对设计要素进行区分。绿色建筑设计是空间形态和技术措施的综合性规划，其中空间是对能量调控的首要切入点，涉及空间布局、规模、尺度、形式等对建筑与环境关系起决定性作用的因素，其对建筑能量组织的效果甚至远大于建筑技术措施的应用。围绕不同地域能量信息条件的被动引导是绿色建筑设计的出发点。在此基础上，以平衡人的使用需求、环境的可持续性以及建筑自身运行稳定性的关系为目标，在提升舒适度的同时，利用技术措施对系统进行从整体到局部的优化，才能发挥出绿色建筑的最大效能。因此，绿色建筑设计，应当遵循"被动空间优先，主动措施优化"的原则。

绿色建筑的空间设计可以看作是对几何层面"形"的设计，即空间形态，其与空间的物质化——技术措施是相辅相成的两个层面。空间设计关注空间形式生成的逻辑性，这种逻辑性的主体来人，主要影响要素来自环境。能量视角下的空间设计是根据使用者的行为需求，通过从场地到建筑本体最后到场景的空间组织手段，优化组织能量在不同层级空间中的流通和分布，从而营造能量高效协同的、舒适的室内外空间环境（图6-8）。绿色建筑的空间设计应当在满足使用者的行为、生理和心理需求的基础上，结合使用不同功能空间的使用需求和特点，创造良好的空间组织模式，使能量流通效率最大化，从而组织和调节能量在建筑空间中的流动，优化能流网络各节点流量和连边能量传输效率，达到对能流网络调控的效果。

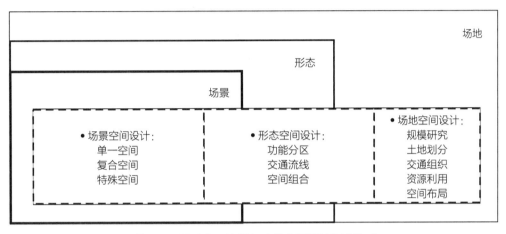

图6-8 不同时序下的绿色建筑空间设计要素构成

如果说空间设计是通过合理的空间组织生成，创造使能量流通最大化的空间形式，那么技术措施就是空间组织模式实体化的主要手段，即通过优化物质实体的物理性能，辅之以高效的设备设施，从而巩固并调节空间形态生成的能量组织形式。从能量组织的角度，该过程是由建筑物不同功能的空间特点和使用者的需求决定的，目的是通过选择合适的技术措施，营造更舒适的室内物理环境，提高建筑空间能量的使用效率。

绿色建筑的技术措施建立在基本空间组织模式形成的基础上，通过技术手段，创造物质化的建筑空间的过程。这其中主要包括围护界面、结构设计、构造材料、景观设计与设备设施五个方面（图6-9）。基于场地、形态、场景三个尺度下空间设计对能流网络的基础性调控模式，进一步通过技术措施的设计，对各节点存量以及连边的流量进行优化，实现整体能流网络规模和结构的架构。

1）围护界面

围护界面通常指由围护墙体、屋面和门窗共同构成的系统，是建筑与外部环境

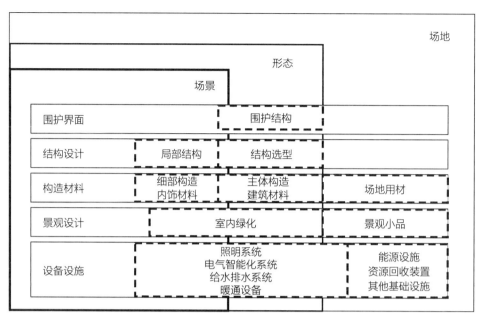

图6-9 不同时序下的绿色建筑技术措施设计要素构成

直接接触的界面，受到自然与人工环境的共同作用。屋面是建筑最上层覆盖的围护结构，可抵御自然风霜雨雪、太阳辐射等，为营造良好的室内环境起到关键作用，需要具有一定的刚度、强度以及整体稳定性。门窗是建筑能量流失的关键节点，其性能的发挥可以视为性能系统的有机组合。

围护界面的设计除了满足传统的采光、隔热、通风、隔声、安全等性能要求外，还应在全生命周期内，进行系统性能的集成、整合，通过提高表皮层级等方式，达到性能的最优化和资源利用的最大化。

2）结构设计

随着数字化时代的到来，数字化结构性能设计方法正在成为建筑师与工程师之间共通的设计语言，建筑师运用结构软件进行形态"找形"已经成为普遍趋势，也重新定义了建筑师与工程师的合作模式。基于多样化的结构设计工具，数字时代的建筑结构性能化设计，能够在由空间形式向措施性能过渡、由建筑整体到局部细节的承接上建立更加多样化的关联，使建筑成为具有结构逻辑性的能量组织系统。

3）构造材料

构造材料是实现空间从形式转变为物质实体的重要媒介。构造材料的选取通常需要在场地、形态、场景三种尺度下考虑，以及从全生命周期的角度，综合考虑绿色低碳的生产制造、建筑施工与安装、装修、运营使用及维护、拆除后的重复使用与资源化再生利用等。

4）景观设计

现代建筑的景观设计已经不单从狭义的景观视觉美感、植物搭配和形体塑造等角度进行设计，而是强调人与环境的友好互动，协调人工与自然环境之间的关系，将对自然环境的破坏降低到最小，与此同时，注意地域性、特色性、保护与节约自然资源等基本原则。具体手段如：对本土植物和材料的应用、自然条件的利用、新型节能科技的辅助等。景观设计从审美的角度出发，将人工制品与自然物相结合，使环境、人与建筑和谐共存。绿色建筑的景观设计贯穿从场地、形态到场景三个时空尺度。在城市整体面貌、微环境气候、人的心理调整与利用可再生资源方面都起到积极的作用。

5）设备设施

设备设施是调节建筑空间实体中能量环境、营造场景感的重要系统，涉及场地、形态和场景三个尺度。不同尺度下设备设施的技术内容各有差异，对建筑能流网络的调控作用也略有不同。场地中的设备设施主要包含能源设施、资源回收装置以及其他基础设施，其作用多用于调节建筑场地对可再生能源的利用方式和能效，协调对基础设施的布局和利用等。形态与场景设计中的设备设施可以分为照明系统、电气智能化系统、给水排水系统和暖通系统，可根据不同场景下使用者自身的使用需求，以及空间物理环境的营造需求，设置不同类型的设备设施。

6.2.2 绿色建筑的能量组织方式

合理的能量组织机理是绿色建筑各子系统之间的粘合剂，主要有能量利用、能量转化、能量生产这三种组织方式（图6-10）。

（1）能量利用

能量利用是为了满足建筑既定设计目标，最大化获取并利用环境中可用能量的能量组织

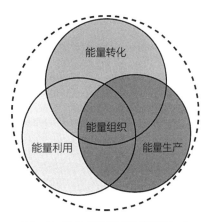

图6-10 绿色建筑的能量组织方式
（来源：改绘自：周从越，王竹，裘知，等. 基于"能量 碳量"视角的低碳建筑空间营建策略［J］. 新建筑，2023（4）：149-153.）

方式。能量利用在建筑能流网络中，建立了建筑系统与外部环境的联系，并通过8个枢纽节点与外部环境接口之间连边。

从外界获取整个建筑能流网络能量的能流、外部环境的能量、物质和其他信息，可以说，能量利用的组织方式为建筑能流网络的运行获取了"源动力"，包括FR-1、FR-2、FR-3、FR-4、FN-2、FN-3、FN-4、FN-5、FN-6、FN-8。外部环境存在的能量包括了可再生能源和不可再生能源以及文化信息等。可再生能源包括太阳能、风能、雨水等，主要传递方式包括辐射（一般指太阳辐射）、传导、对流、渗透等。不可再生能源在这里泛指除可再生能源之外的，以实体或某种作用方式存在的事物，包括燃料、电力、原材料、商品实体和各种服务等，其主要获取方式是人工制造和运输（表6-1）。

绿色建筑能流网络的能量利用 表 6-1

能量组织方式	能量流	注释	能量流	注释
能量利用	FR-1	室外环境获得的太阳辐射能	FN-3	用于建筑制造和维护的原材料、商品和服务等
	FR-2	场地获得的可再生能源	FN-4	设备系统制造和运行所需的气、电、水、材料、货物和服务等
	FR-3	建筑围护获得的可再生能源	FN-5	室内空间建造、电器和家具的原材料、商品和服务等
	FR-4	设备系统获得的可再生能源	FN-6	购买灯具或其他照明设备等
	FN-2	场地获得的不可再生能源	FN-8	购买衣服、食物和生活用品等

能量利用是通过建筑本身的在地性设计，通过对场地空间的合理布局，组织对场地内各类型能量的利用。在设备设施方面用于：①建筑结构、构造制造和维护所需的原材料、商品和服务；②设备系统制造和运行所需的气、电、水、材料、货物和服务；③室内空间建造、电器和家具的原材料、商品和服务等方面。不同气候、地貌会造就不同的能量环境，通过建筑本身的在地性设计与构造，满足有效的直接能量利用、降低无效的间接能量损失，通过对日照、通风、温度等的利用，调节流转于建筑界面内外的低品位能量。因此，合理的能量利用，可以提高能流网络的能量利用能力和运行效率。

（2）能量转化

能量转化是指将从建筑系统外界获取的初级能源转化为建筑物可以使用的能量形式，并在内部进行不同品位能量层级转化的过程。如化石能源等高热值、高品位能源的转化，其蕴含的能量易于转化为电能或热能，便于传输和使用，这一过程中还伴随着以物质材料、热能及其他信息形式的能量释放，这部分能量中存在大量可进行再利用的能量。具有能量转化效用的能流包括了F2-4、F3-1、F3-4、F3-6、F3-7、F4-1、F4-2、F4-5、F4-6、F4-7、F5-4、F5-7、F5-8、F6-7、F7-3、F8-2、F8-5、F8-7、F3-E3、F5-E3、F8-E3、F4-R等。因此，能量转化强调的是不同形式的能量在进入建筑能流网络后的变化情况，这种变化包括能量层级的转化、能量在各连边中的流动等。技术的进步不断提高了建筑系统能量层级的转化效率，增加有用能量的流动，通过一系列对建筑系统中空间的营造、各项主被动措施的设计对其加以控制和平衡，并作用于建筑内部环境，形成对能流网络内部能量的有效调控，从而使建筑系统各部分要素形成良好的协作关系（表6-2）。

绿色建筑能流网络的能量转化　　　　　　　　　　　　　表6-2

能量组织方式	能量流	注释	能量流	注释
能量转化	F2-4	从场地系统到各项设备系统的能量传输（如地源热泵）	F4-7	设备系统调节室内热环境的能源使用
	F3-1	建筑外围护结构到室外热环境的能量传输	F5-4	生活场景中能量的再回收（夏季热泵水源的恢复、生活用水再循环等）
	F3-4	由外围护结构向各项设备传输能量（太阳能光热系统等）	F5-7	生活用电器、燃气设备的室内热增益
	F3-6	自然采光、阳光穿透外围护至照明设备（如导光设备）	F5-8	生活用水、电、食物等商品给予人的能量增益
	F3-7	由围护界面向室内环境传输能量（墙壁热传导、玻璃幕墙直接辐射等）	F6-7	照明系统的室内热增益
	F4-1	各项设备系统向室外环境散热	F7-3	室内环境向围护界面传输的能量
	F4-2	设备系统向场地传输回收的能量（灰水/雨水回收用于场地景观灌溉等）	F8-2	营造场地景观微气候等人工用能

能量组织方式	能量流	注释	能量流	注释
能量转化	F4-5	生活场景各项水、电、气等设备的公共用能	F8-5	使用和营造室内环境的人工用能
	F4-6	照明设备和灯具的用能	F8-7	室内热环境中的人体散热
	F3-E3	建筑围护与结构系统的再循环	F8-E3	有用能源的上循环出口（用于回收、工作活动等的材料出口）
	F5-E3	建筑内饰设施的回收与再利用（衣物、电器或家具等）	F4-R	设备系统使用过程中向外部环境的热增益（地源热泵从HVAC系统到地面的热传递等）

（3）能量生产

能量生产是指能流网络中控制内部能量资源向外部环境进行能量输出与传递的能量组织方式。能流网络中控制内部能量资源的8个枢纽节点与外部输出接口节点连边，可以通过可再生能源技术和设备实现自身的能源供应，以及对能量的输出与传递，与外界环境中其他系统之间形成联系，包括F4-E3、F2～6-E等。江忆院士也指出，建筑除了是能量的消费者，本身也具有成为能量生产者的重大潜能。建筑将成为产消融合的共同体，既消费能量，又产生能量，同时还能对能量进行储存调蓄，形成三位一体的"Prosumer"（Producer+Consumer）[119]。随着科技的发展，用于建筑系统中的诸如光储直柔等技术，已经逐步实现自身能源供应，甚至向城市交通系统、电力供应系统以及相邻其他建筑系统提供能量补给。能量生产加强了建筑系统与外部环境之间的共生关系，在减轻环境压力的同时，从能量的角度也将对人类社会做出极大的贡献（表6-3）。

绿色建筑能流网络的能量生产　　　　　　　　　　　　表 6-3

能量组织方式	能量流	注释	能量流	注释
能量生产	F4-E3	建筑设备向外部电网输出电能	F2～6-E	材料、有用能源和信息的输出

建筑能流网络能量组织的三种方式在建筑系统的技术应用层面均已取得快速的发展，然而由于网络的复杂性，各能量子系统在研究与实践中均处于相对独立的维

度，在孤立的系统观下，片面追求某一子系统的最高效率或会导致整个系统中其他子系统间冲突甚至相互抵消而无法达到整体最优化[43]。因此，以能量组织为基础，将能流网络优化转译至绿色建筑设计流程中，择优不同时空维度里的能量使用策略，从而指导建筑物质系统在维持能流网络动态平衡结构的基础上进行生成，可以发挥能流网络整体的最大功效和可持续性。

6.2.3 绿色建筑的能量组织机理

通过将"能量"作为一种"结构化要素"纳入建筑系统的核心语法，明晰了能流网络分析在绿色建筑设计中的底层逻辑，即网络是能量在客观世界的组织方式，是绿色建筑设计的深层逻辑。能量作为绿色建筑的底层基础，是物质空间的本源，能量的组织方式对建筑空间形式生成与物质化具有指导作用。绿色建筑的物质实体则作为能量的形式与载体，通过平衡与引导绿色建筑的能量使用，产生了基于能流网络能量组织机理下的"物质系统"新秩序，形成绿色建筑设计的最终结果，由此形成了对绿色建筑设计的能量组织机制的新认识（图6-11）。

能量组织之所以能够作为从能流网络优化到设计流程转译的"媒介"，正是因为能量的三种组织方式既包含了对能流网络优化产生影响的最直接体现，又是绿色

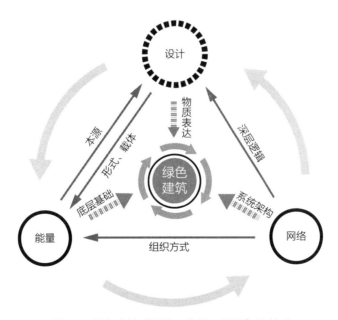

图6-11 绿色建筑"网络—能量—设计"的关系

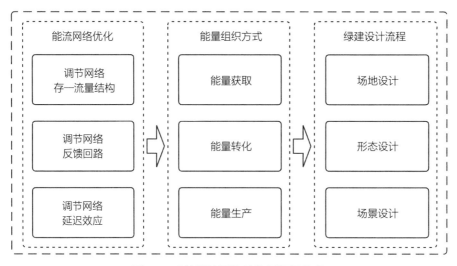

图6-12 建筑能流网络的能量组织机理

建筑设计在不同设计阶段物质空间营造的底层逻辑，即能流网络优化下绿色建筑设计深层的能量组织机理（图6-12）。

6.2.4 绿色建筑的能量组织策略

从系统生态学的发展规律来看，以最大功率为目标的建筑能流网络，需要遵循修正"能量利用"、调节"能量转化"、增强"能量生产"的能量组织策略，通过加强对外界能量的利用、对自身能量转化的动态管理，以及自身能量对外界增强的能量组织与调控作用，使能流网络得到可持续的发展。

（1）修正"能量利用"

人、建筑、自然之间存在调适性，对自然环境、建成环境、社会资源等能量信息的合理利用态度是绿色建筑设计的出发点。

首先，对既有环境中的可利用资源进行深入的考察，充分发挥因形借势的作用，以塑造、引导和修正地域性的能量场域[120]。一方面，主动化解不利气候要素，积极吸纳有利气候能量，强化太阳能、风能等低品位能源的优先级，另一方面，提高对地热能、生物能等可再生能源的渗透比例，加快清洁能源的生产效率。

其次，优化生产资料进入营建过程的环节与顺序，优先利用既有环境中的物质实体资源。一方面，鼓励就地取材、就地处理固废，从而增强建筑本身的物质自循环。同时，建立基本资源的补偿机制，增设物质资源的微循环过程，减少物质能量的浪费，延长建筑整体的使用寿命。

最后，充分调动社会资源参与，建立使用者对能量利用的绿色思维，减少决策过程中的能量损耗。建立"低浓度高利用，多层级微循环"的绿色建筑能量利用机制。

（2）调节"能量转化"

以能量组织为基准，建筑内部存在产生热量的"热源"和吸收热量的"热库"。能量进入建筑内部，与建筑系统各部分要素形成良好的协作关系，空间使用流程和能量递转次序相呼应，创造出有利于能量转化的功能组织。一方面，调节不同建筑构件和功能空间形态等物质要素的秩序，在叠合产生更高能量使用效率的同时，以较低的代价，为室内舒适度提供保障。能量梯度要素的转化能够促进与能量协同的建筑形式的生成，依循能量尺度的变更寻找逻辑关系并进行合理组织，整合功能、体量与面积分配，以实现建筑各部品之间的良好协作。另一方面，通过设备系统调节能量在建筑系统中的转化，对自然能量加以控制或取得内部增益，并结合建筑系统的辅助构造设计，形成良好的能量协同效果。创建"各品位高效协同、多能源梯级转化"的绿色建筑能量转化模式。

（3）增强"能量生产"

绿色建筑能量系统的优势在于，通过营建作为能量流动容器的绿色建筑空间，生产出由内部多梯级转化所得的能量。借助环境分析的数据介入、气候地貌的精准模拟以及建筑性能的仿真预测进行空间转译，通过媒介和设备系统对建筑物中的能量流动进行控制和分配，提高输出到外界环境的能量传输效率，使其达到优化建筑性能的同时，对城市社会中其他系统做出贡献。此外，随着分布式能源技术的发展和可再生能源的高比例渗透，终端用户可以对建筑电能系统实施有效的能量管理，提高电能系统的灵活性与使用效率[121]。构建"高性能电力输出，多方向流通管理"的绿色建筑能量生产系统。

以能量组织为基点，根据需求合理、巧妙地组织不同能量在能流网络中的时空路径，耦合能量利用、能量转化、能量生产这三种能量组织方式，可以发挥能流网络中各节点间的协同功效，促使能流网络从无序向有序、从简单向复杂发展，成为一个由能量流维持的动态平衡结构，最终建立起"设计—能量—网络"之间的关系，实现由能流网络优化到设计流程的转译。

6.3 能流网络优化下的绿色建筑设计

系统生态学视野下判断建筑对环境的整体影响，需要从本源上认识绿色建筑设计的能量组织行为。基于不同绿色建筑能流网络功能的准确定位，可以识别和描述网络中不同节点之间能流的相互作用关系。通过对能流网络的节点与连边关系的重构和优化，基于绿色建筑系统的能量组织原则，对绿色建筑从整体到局部、从空间到措施的不同阶段、不同维度的物质设计策略提供依据，从而打破常规地将空间、结构、构造材料、设备等

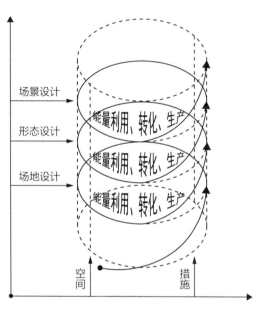

图6-13 以能量组织为核心的绿色建筑设计流程

割裂的设计思维，利用系统思维从能量视角考虑建筑对整体环境的贡献和影响，形成以能量组织为核心的绿色建筑设计流程（图6-13）。该流程从场地设计到形态设计再到场景设计，每个阶段都有控制该阶段下网络功能的枢纽节点，基于能流网络的优化方法，寻找对应阶段的网络优化路径，并分析对应网络结构的优化策略，最终从能量的视角将其关联至绿色建筑设计策略。

6.3.1 场地设计

场地设计的要素构成包括规模研究、土地划分、交通组织、资源利用、空间布局等。场地的空间设计决定了各组成要素的基本形态和关系[122]。场地空间设计的角度可以归结为：外在的场地利用的角度，内在的内容组织的角度。两条思路互相交织，既要使场地的功能组织更为合理，运转更有效率，又要发挥场地最大效用，

最大功率地使用场地可获得的外部资源条件。发挥基地的最大效用是场地设计的根本目的，也是其调控能流网络的重要手段。

将研究范围聚焦到建筑的场地，通过划分场地设计的系统边界，形成场地能流网络分析图（图6-14）。由场地能流网络分析图可以看出，场地设计阶段在网络的功能定位与运行趋势中，起到关键作用的是室外热环境（N1）和场地景观（N2）节点，同时受到各项设备（N4）、围护与结构（N3）节点以及外部可再生资源（IR）和不可再生资源（IN）节点影响。通过识别室外热环境（N1）、场地景观（N2）节点和其他节点的连边关系，识别并描述场地设计所对应的能流网络系统中不同能流相互作用的过程，从而基于场地阶段能流网络的优化路径，寻找对应节点和连边的优化策略（图6-15，表6-4）。

（1）根据网络存—流量结构的优化原理，可以通过强化室外热环境（N1）和场地景观（N2）节点存—流量结构的关系，使之一定程度上转化为枢纽节点对网络的控制，从而使网络趋于稳定。例如，从修正建筑能流网络的"能量利用"的环节考虑，通过分析确定建筑朝向及比例，以满足日照要求或增加太阳能的辐射量等，在一定程度上增加对可再生能源的利用，可以优化室外热环境（N1）、场地景观（N2）节点的存量。

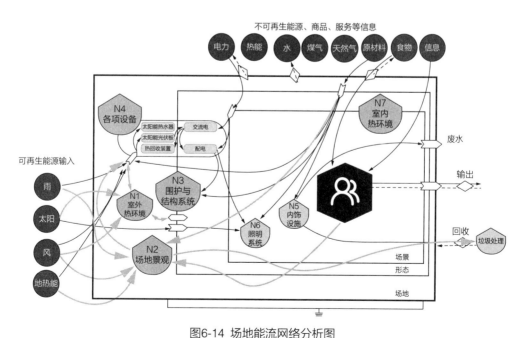

图6-14 场地能流网络分析图

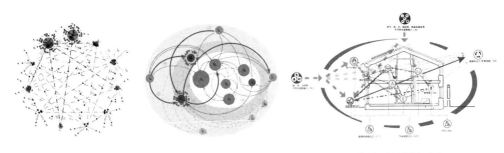

（a）场地能流网络优化路径　　（b）网络节点和连边对应　　　　　　（c）建筑设计对应

图6-15　场地设计优化位置对应关系

场地能流网络的优化路径

表 6-4

网络优化原理	网络优化路径	节点和连边的对应	能量组织策略
调节网络存—流量结构	均衡配比网络节点与连边的存—流量，使网络趋向于稳定	优化室外热环境（N1）节点存量	修正"能量利用"
	通过设置"缓冲器"以稳定能流网络的运行	优化场地景观（N2）节点存量	
调节网络反馈回路	通过提高反馈回路的能量流通效率以提高建筑能流网络的平均效率	优化FR-1连边能量传输效率	修正"能量利用"
		优化FR-2连边能量传输效率	
		优化F2-4连边能量传输效率	调节"能量转化"
		优化F2-E3连边能量传输效率	增强"能量生产"
	通过需要增加反馈回路的流量与数量，使网络稳定性增强	提高FR-1连边流量与数量	修正"能量利用"
		提高FR-2连边流量与数量	
		提高F4-2连边流量与数量	调节"能量转化"
		提高F8-2连边流量与数量	
		提高F2-E3连边流量与数量	增强"能量生产"
调节网络延迟效应	通过适当减小枢纽节点的存量，以减小网络延迟效应	减小场地景观N2节点存量和FN-2连边流量	修正"能量利用"

（2）根据调节网络反馈回路的优化原理，场地设计阶段一方面可以通过优化FR-1、FR-2、F2-4、F2-E3等连边的能量传输效率，从而提高该层级下网络的平均运行效率。另一方面，可以通过提高FR-1、FR-2、F4-2、F8-2、F2-E3等连边的流量与数量，从而增强网络运行的稳定性。例如，从修正"能量利用"的角度考虑，可以利用建筑在场地中的形态回应场地热环境、风环境等自然气候条件，达到空间设计对场地微气候的效果，可以增大FR-1、FR-2两条能流的能量传输效率，实现对能流网络的调控作用。此外，从调节"能量转化"的角度考虑，一方面，在土地划分时注重各分区功能的协调；另一方面，在交通组织时，利用场地条件，结合建筑功能，将交通系统的布置与建筑和场地各用地之间其他功能的实际需求相结合，可以有效增强F2-4、F2-3等连边的能量传输效率。

（3）根据调节网络延迟效应的优化原理，可以适当减小场地景观（N2）节点的存量和FN-2连边的流量，从而减小该枢纽节点下连边外部能量与内部能量转化之间流通通路的冗余度，使得网络运行更加顺畅，降低延迟效应。例如，在空间布局上，合理安排好建筑空间在场地中的位置关系，可以良好地响应外部气候环境，成为空气、光和热能的捕获器，从而建立环境要素与空间布局之间的转换路径。这在场地阶段的能量组织方式里属于对"能量利用"的优化，在一定程度上能够减小网络的延迟效应。

6.3.2 形态设计

形态空间的设计要素构成包括功能分区、交通流线和空间组织等。形态空间设计对能流网络调控的底层逻辑是：建立不同的空间组织模式使得建筑本体利用空间形式组织能量的流动，并结合环境气候的差异性对不同空间尺度和层级的影响，发挥通风、采光、降噪等条件最大优势，从而形成有组织的内部能量耗散梯度，最终提高建筑运营阶段空间能量的使用效率。

将研究范围聚焦到建筑形态，通过划分形态设计阶段的系统边界，形成形态能流网络分析图（图6-16）。由形态能流网络分析图可以看出，在形态设计阶段，对网络的功能定位与运行趋势起到关键作用的是围护与结构系统（N3）节点，而室外热环境（N1）、各项设备（N4）、室内热环境（N7）节点以及外部可再生资源（IR）和不可再生资源（IN）节点则起到次要作用。通过识别网络中N3节点和其他

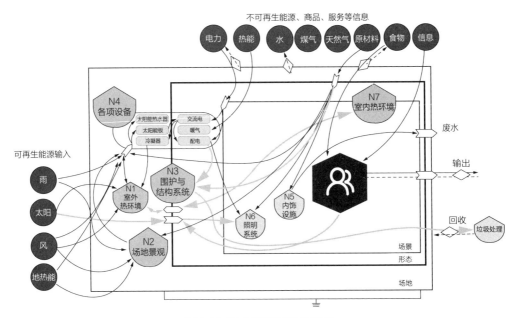

图6-16 形态能流网络分析图

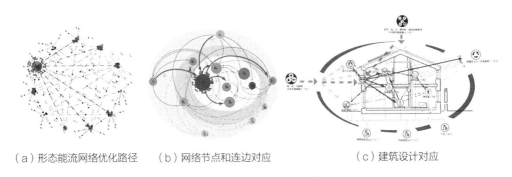

（a）形态能流网络优化路径　　（b）网络节点和连边对应　　（c）建筑设计对应

图6-17 形态设计优化位置对应关系

节点的连边关系及相互作用的过程，我们就能基于形态设计阶段能流网络的优化路径，寻找到对应节点和连边的优化策略（图6-17，表6-5）。

形态能流网络的优化路径

表6-5

网络优化原理	网络优化路径	节点和连边的对应	能量组织策略
调节网络存—流量结构	通过均衡配比网络节点与连边的存—流量，使网络趋向于稳定	优化围护与结构系统（N3）节点的存量	修正"能量利用"
调节网络反馈回路	通过提高反馈回路的能量流通效率以提高建筑能流网络的平均效率	优化FR-3连边的能量传输效率	

网络优化原理	网络优化路径	节点和连边的对应	能量组织策略
调节网络反馈回路	通过提高反馈回路的能量流通效率以提高建筑能流网络的平均效率	优化F3-1连边的能量传输效率	调节"能量转化"
		优化F3-6连边的能量传输效率	
		优化F3-7连边的能量传输效率	
		优化F7-3连边的能量传输效率	
		优化F8-3连边的能量传输效率	
		优化F3-E3连边的能量传输效率	增强"能量生产"
	通过需要增加反馈回路的流量与数量，使网络稳定性增强	提高FR-3连边流量与数量	修正"能量利用"
		提高F3-6连边流量与数量	调节"能量转化"
		提高F3-7连边流量与数量	
		提高F8-3连边流量与数量	
调节网络延迟效应	通过适当减小枢纽节点的存量，以减小网络的延迟效应	减小FN-3连边流量	修正"能量利用"

（1）根据网络存—流量结构的优化原理，可以通过强化围护与结构系统（N3）节点的存—流量结构，使之一定程度上转化为枢纽节点对网络进行控制，从而使网络趋于稳定。因此，调控围护与结构系统（N3）节点存—流量是最直接的手段，也是间接调整与N1、N2、N4节点相连连边最重要的技术措施途径。例如，从修正"能量利用"的角度，可以通过选择高性能建筑构造材料，例如高强度钢筋、高强度高性能混凝土、高强度钢材等，实现对围护与结构系统（N3）节点存量的优化。此外，均衡配比该节点的能量投入，还可以利用具有较好保温蓄热能力、耐久性强的高性能建筑围护结构材料，使其在整个建筑生命周期里，不仅能实现物化能量的循环利用，并将材料植入生态效能，还将极大提高能量效率。

（2）根据调节网络反馈回路的优化原理，形态设计阶段一方面可以通过优化FR-3、F3-1、F3-6、F3-7等连边的能量传输效率，从而提高网络的平均运行效率。另一方面，可以通过提高FR-3、F3-6、F3-7、F8-3等连边的流量与数量，从而增强网络运行的稳定性。例如：从调节"能量转化"角度考虑，可以在建筑结构主体选型时，根据不同空间需求选择合适的结构体系。地上结构选型时应选择有利于抗震的规则形体；重要工程采用减震等能够提高抗震韧性的技术；在风荷载较大的地区，应谨慎使用张拉膜结构；地下室的结构选型应遵循综合比选原则；地基采用绿色地基技术等。这样可以有效地提高N3节点与其他节点之间如FN-3、F3-1、F3-6、F3-7等连边的能量传输效率。此外，从修正"能量利用"的角度，围护界面在设计时可以通过提高绿色环保和耐久性，即可持续性，能够在减少FN-3连边流量的同时，提高其能量传输效率。

（3）根据调节网络延迟效应的优化原理，可以适当减小围护与结构系统（N3）节点的存量和FN-3连边的流量，从而减小该枢纽节点下，连边外部能量与内部能量转化之间流通通路的冗余度，使得网络运行更加顺畅，降低延迟效应。例如，从修正"能量利用"的角度考虑，通过对建筑复合功能空间进行富有弹性的设计，提高未来功能置换、空间改造等方面的结构潜力，选用或设计功能适应性强、可灵活变换的结构体系，由此可以提高N3节点的存—流量，从而减小能流网络的延迟效应，使之具有更大的弹性。此外，还可以选择绿色可循环的构造材料，或对既有材料进行回收再利用，减少资源的浪费，降低施工过程中对周边环境的污染，同时在建筑后续使用的过程中对人体是绿色健康无害的，这样可以减小FN-3连边的流量，减小能流网络的延迟效应。

6.3.3 场景设计

场景空间的设计，是以人为线索对建筑具体使用空间进行的深入设计。如果说场地空间设计是基于外部环境的影响，那么场景空间的设计则受使用者的主导，通过人们在具体的建筑使用空间中所呈现的状态和需求，对空间形态进行优化和调整的过程。在满足基本使用需求的同时，塑造更加舒适宜人的场景感。而场景的塑造实际上是对建筑空间更具体和详细的设计，虽然场景阶段以设备措施的设计为主，但也是对建筑空间形式的反馈式设计，需要在形态空间组合形式的基础上，对独立的单一空间或复合空间进行再分割、抬升、错层、挖洞等操作；进一步对例如控制房间的形态、开口部位的采光条件、墙壁的围合方式等进行深入设计，从而营造更加舒适的室内使用环境，提高使用者的使用舒适度。

将研究范围聚焦到建筑场景，通过划分场景设计阶段的系统边界，形成形态能流网络分析图（图6-18）。由场景能流网络分析图可以看出，场景设计阶段对网络的功能定位与运行趋势起到关键作用的是：各项设备（N4）、内饰设施（N5）、照明系统（N6）和室内热环境（N7）节点，同时受到外部可再生资源（IR）和不可

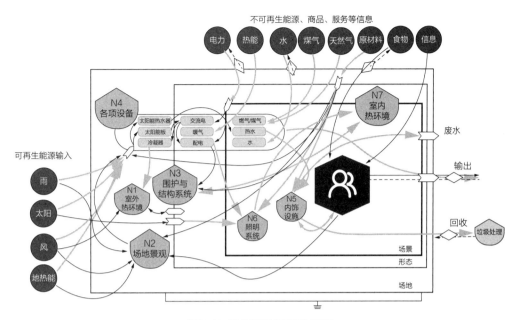

图6-18 场景能流网络分析图

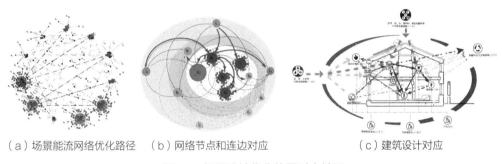

（a）场景能流网络优化路径　（b）网络节点和连边对应　　（c）建筑设计对应

图6-19 场景设计优化位置对应关系

再生资源（IN）节点影响。通过识别场地能流网络中枢纽节点和其他节点的连边关系及相互作用的过程，并基于形态设计阶段能流网络的优化路径，寻找对应节点和连边的优化策略（图6-19，表6-6）。

场景能流网络的优化路径 表6-6

网络优化原理	网络优化路径	节点和连边的对应	能量组织策略
调节网络存—流量结构	通过均衡配比网络节点与连边的存—流量，使网络趋向于稳定	优化各项设备（N4）节点存量	修正"能量利用"
		优化内饰设施（N5）节点存量	
		优化照明系统（N6）节点存量	

网络优化原理	网络优化路径	节点和连边的对应	能量组织策略
调节网络反馈回路	通过提高反馈回路的能量流通效率以提高建筑能流网络的平均效率	优化F3-4连边的能量传输效率	调节"能量转化"
		优化F4-7连边的能量传输效率	
		优化F5-8连边的能量传输效率	
		优化F6-7连边的能量传输效率	
		优化F8-5连边的能量传输效率	
		优化F4-R连边的能量传输效率	增强"能量生产"
		优化F4-E3连边的能量传输效率	
	通过需要增加反馈回路的流量与数量，使网络稳定性增强	提高FN-4连边流量与数量	修正"能量利用"
		提高FN-5连边流量与数量	
		提高F4-1连边流量与数量	
调节网络延迟效应	通过适当减小枢纽节点存量并提高其连边的能量传输速度，以减小网络的延迟效应	提高F4-5连边的能量传输效率	调节"能量转化"

（1）根据网络存—流量结构的优化原理，可以通过进一步强化各项设备（N4）、内饰设施（N5）、照明系统（N6）的存—流量结构，使之一定程度上转化为枢纽节点对网络进行控制，从而使网络趋于稳定。一方面，需要提高各类必要的电气化设施、家具内饰的使用量，通过合理布置诸如助老设施或无障碍设施等，以满足各建筑类型的基本使用需求，避免后期因存—流量结构不合理导致网络的瘫痪。另一方面，提高各项设备、照明系统以及内饰设施材料的耐久性和性能可以提高能量使用效率，并保持网络运行的稳定。

（2）根据调节网络反馈回路的优化原理，场景设计阶段一方面可以通过优化F3-4、F4-7、F4-R、F4-E3、F5-8、F6-7等连边的能量传输效率，从而提高网络的平均运行效率。例如，在围护结构设计时，提前考虑对未来不同使用场景功能与舒适度的需求，结合光伏幕墙、可调节遮阳等技术措施，提高围护结构的能量转化效率。另一方面，可以通过提高FN-4、FN-5、F4-1连边的流量与数量，从而增强网络运行的稳定性。例如，在场景设计过程中，合理估算室内设施的用材总量，提高家具设施的绿色环保和耐久性。

（3）根据调节网络延迟效应的优化原理，可以适当提高F4-5连边的能量传输效率，从而减小各项设备（N4）与内饰设施（N5）枢纽节点下连边外部能量与内部能量转化之间流通通路的冗余度，使得网络运行更加顺畅，降低网络延迟效应。例如，通过提高建筑系统内部各电气化设施的能量自循环能力，例如设置热回收、电储能设施等，从而避免因外部环境的突变导致的能量利用不及时，最终使得网络停滞与瘫痪等问题。

6.4 小结

综上所述，本章解析了建成环境与绿色建筑发展的最大功率原则，剖析了绿色建筑的能量组织方式、能量组织机理、能量组织策略，从而形成以能量组织为核心的基于能流网络优化的绿色建筑设计方法。

首先阐释了最大功率目标下绿色建筑设计演化特征——以人类、技术、自然三者协同交互发展为驱动力，并从系统生态学和网络科学的视角，分析了建筑能流网络实现最大功率目标需要通过不同设计策略重新组合材料和能源的能值强度，采用创新性的建筑技术推动能流网络高效稳定发展的必然趋势。

其次，从能流网络自身的层级性出发，对应划分出绿色建筑设计时序里的宏观、中观到微观三个尺度范围，确定了从整体到局部、从空间到措施的设计时序。

最后，通过解析能量视角下建筑能流网络实现最大功率原则的三种能量组织方式，挖掘了建筑能流网络的能量组织机理，并提出了修正"能量利用"、调节"能量转化"、增强"能量生产"三种能量组织策略，将能流网络的优化方法融入设计流程，提出了从场地到形态再到场景三个阶段的能流网络优化路径，并对应至不同的绿色建筑设计内容中，形成了以能量组织为核心的基于能流网络优化的绿色建筑设计方法。

第7章

基于能流网络优化的绿色建筑设计策略

能量视角下的绿色建筑设计不是绿色技术的拼凑与罗列，而是遵循建筑设计的深层逻辑，最大化地发挥不同绿色设计策略在系统各层次、各阶段的作用。上一章通过对绿色建筑能量组织机理的解析，厘清了能量视角下由建筑能流网络到绿色建筑设计之间的转化途径。由此，本章将继续从能流网络优化的视角，根据绿色建筑能流网络的优化路径和能量组织策略，遵循从整体到局部、从空间到措施的设计时序，总结并分析绿色建筑设计策略是如何生成并对能流网络朝着最大功率目标发展起到推动作用的。

7.1 场地阶段设计策略

根据场地阶段建筑能流网络的优化路径，可以总结出场地设计中能流网络节点和连边的对应设计策略（图7-1）；主要体现在对室外热环境（N1）和场地景观（N2）节点存—流量关系的调节上，使之一定程度上转化为枢纽节点对网络进行控制，具体可以从以下三个方面进行优化。

图7-1 场地阶段设计策略

1）通过优化室外热环境（N1）、场地景观（N2）节点的存量，使网络趋向于稳定。

2）通过优化FR-1、FR-2、F2-4、F2-E3连边的能量传输效率，提高建筑能流网络的平均效率。

3）提高FR-1、FR-2、F4-2、F8-2、F2-E3连边的流量与数量，使网络稳定性增强。

7.1.1 优化场地阶段枢纽节点的存量

室外热环境（N1）节点包含项目现场的气候环境条件等，场地景观（N2）节点包含场地中自然资源、既有物质资源等要素。因此，对室外热环境（N1）、场地景观（N2）节点存量的优化主要体现在：前期对项目中各要素的调研与勘察，并对不同环境下项目的规模进行合理控制；平衡对场地中既有的自然与人工资源的利用（表7-1，图7-2）。具体可以采取评估场地资源条件与利用场地既有资源两种方式。

基于优化场地阶段枢纽节点存量的绿色建筑设计策略　　　　表 7-1

网络优化路径	能量组织策略	绿色建筑设计策略
优化场地阶段枢纽节点的存量	修正"能量利用"	评估场地资源条件
		利用场地既有资源

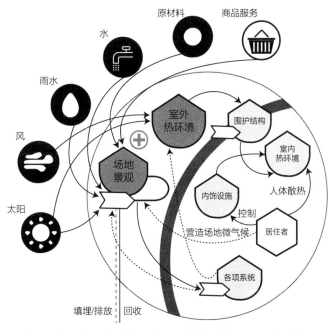

图7-2 优化室外热环境（N1）、场地景观（N2）节点存量

（1）评估场地资源条件

评估场地资源条件，是优化建筑能流网络对场地资源规模控制的重要环节。场地设计首先应当立足于项目的各项规划要求，并对场地中的资源要素进行深入调研与评估，包括实体现状、气候环境、生态现状、历史遗产等，这样才能在后续的设计决策中做到对场地资源的合理利用（表7-2）。

评估场地资源条件　　　　　　　　　　　　表 7-2

优化策略		设计策略示意			
优化室外热环境（N1）节点的存量	评估场地资源条件	实体现状	气候环境	生态现状	历史遗产

1）对场地周边实体现状进行调研，包括既有建筑与设施、地形地貌、绿化植被、地表水文等。

2）对场地周边气候环境进行调研，包括空气质量、降雨量、空气温度与湿度、风向与风速、日照等各项指标。

3）对场地周边生态现状进行调研，包括生物多样性、生态斑块、生态廊道等。

4）对场地周边历史遗产进行专项调研，包括古建筑、古树、古井等。

（2）利用场地既有资源

根据前期调研情况，充分利用场地既有资源。既有资源可以分为不可再生资源与可再生资源。绿色建筑的设计与建设应该在考察本地资源的前提下，最大限度地利用好本地资源，发挥本地优势资源在绿色建筑中的作用，做到因地制宜，合理分配，优先利用可再生资源作为绿色建筑的主要建设资源（表7-3）。

利用场地既有资源		表 7-3
优化策略	**设计策略示意**	

优化策略	设计策略示意		
优化场地景观（N2） 节点的存量	利用场地 既有资源		
	既有设施	资源循环	本地材料

1）最大化利用场地内既有的建筑设施，减少拆改重建。例如对场地内既有建筑与设施进行修复性再利用、适应性再利用、重构性再利用等。

2）根据场地环境特点提出可再生能源的总体循环方案。例如通过对本地可再生能源情况的充分考察，综合评定其利用效益，制定包括对光、电、水、热、气等可再生能源的总体循环方案。

3）研究本土传统建筑的属地材料与建造工艺。例如将场地周边的建筑材料与传统建造工艺融入项目的建设，降低工程造价的同时，延续地域传统文化特色。

典型案例　雄安设计中心（图7-3）

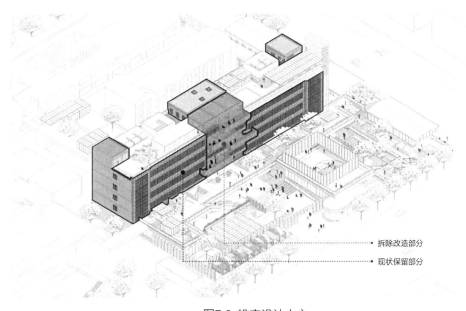

图7-3 雄安设计中心
（来源：中国建设科技集团. 绿色建筑设计导则 建筑专业[M]. 北京：中国建筑工业出版社，2021.）

该项目在场地设计中，秉持"少拆除、多利用、快建造、低投入、高活力、可再生"的原则，通过保留原有建筑主体结构与空间的利用模式，最大化利用原有厂房，实现了新旧共生[123]，从而相较于拆除重建的开发方案，减少了4.5万m³的建设量，极大地减少了场地设计阶段材料制造、运输与施工对能源的损耗，进而减少了项目场地景观（N2）节点能量的增加量，减缓了网络的时空延迟效应，从而起到增强网络稳定性的作用。

7.1.2 优化场地阶段连边的能量传输效率

以室外热环境（N1）和场地景观（N2）节点为枢纽节点，与其相连的FR-1、FR-2、F2-4等连边在能流网络中主要起到修正能量利用的功能与作用。因此，对FR-1、FR-2、F2-4等连边能量传输效率的优化，转化到场地设计上，主要体现在对场地资源具体的利用方式上。通过对场地既有资源的协调规划和对场地空间布局的设计，提高建筑能量系统对外部资源的能量利用效率，从而可以优化各对应连边的能量传输效率（表7-4，图7-4）。具体的设计策略可以针对地域气候条件、周边生态环境、既有物质资源、场地交通条件等方面展开。

基于优化场地阶段连边能量传输效率的绿色建筑设计策略　　　　表 7-4

网络优化路径	能量组织策略	绿色建筑设计策略
优化场地阶段连边的能量传输效率	修正"能量利用"	适应地域气候条件
		顺应场地周边环境
	调节"能量转化"	开发场地既有空间
		优化场地交通系统

（1）适应地域气候条件

适应地域气候条件，是建筑能流网络调控室外热环境的重要手段。场地中的建筑布局应在节约用地的前提下，通过建筑形态回应场地光环境、热环境、风环境等自然气候条件，以适应不同的地域性特征，从而形成良好舒适的场地微气候（表7-5）。

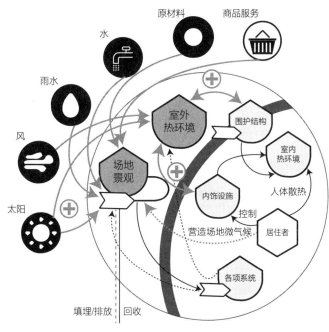

图7-4 优化场地阶段连边的能量传输效率

优化策略	设计策略示意		
适应地域气候条件 表7-5			
优化FR-1连边的能量传输效率	适应地域气候条件		
	调整朝向	修正布局	修正形态

1）建筑需要结合具体的设计条件，确定建筑朝向，以满足日照要求或增加太阳能的辐射量等，因地制宜地确定合理的朝向范围，争取自然光环境。

2）基于场地热环境修正建筑布局，在气候条件的基础上，对场地热环境进行模拟和布局优化。

3）基于场地风环境修正建筑形态。例如建筑群体布局需要考虑风环境对场地微气候的影响，在对场地风环境分析的基础上，通过调整建筑长宽高比例，使建筑迎风面的压力合理分布，避免形成背风面的漩涡区等。

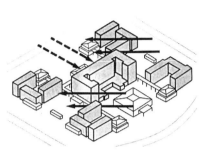

图7-5 通州行政中心办公楼
（来源：中国建设科技集团. 绿色建筑设计导则 建筑专业. 北京：中国建筑工业出版社，2021.）

该项目基于场地自然环境采用院落式的空间布局方式，通过围合建筑体量形成室外公共活动绿地，积极回应了场地中的光环境与风环境，同时解决了管理独立性等问题。与此同时，通过二层平台、架空步道等室外空间，形成能够贯穿用地南北的二层平台系统，供市民在场地中自由穿梭，往来于东南、西北两个市民中心，连通城市交通和城市景观节点，能够有效提升能源利用效率，优化了FR-1场地阶段连边的能量传输效率。

（2）顺应场地周边环境

除了适应当地气候环境以外，还需要顺应场地周边的自然生态环境与建成环境，通过与本土山水林田等生态环境相协调、与城乡建成环境相融合的方式，提高与周边环境的关联性，使之成为绿色统一体（表7-6）。

顺应场地周边环境　　　　　　　　　表 7-6

优化策略		设计策略示意		
优化FR-2连边的能量传输效率	顺应场地周边环境	因地就势	保留生态	延续肌理

1）利用场地内原有地形地貌组织建筑布局。例如针对场地内原有地势的高差变化，通过空间形态的布局依山就势，减少对自然地形的影响，保护场地内既有生态环境。

2）保持城市生态廊道的连续性。例如场地空间布局时，围绕城市生态廊道对场地内建筑、交通、景观、广场等要素进行布置，保持场地内基质连续性的同时，营造开放性的功能活动空间。

3）场地内各要素的空间形态与周边城市肌理相融合。例如处于具有一定历史文脉的城市环境中时，需要将场地内尤其是建筑空间形体的体量大小与周边城市肌理相适应，参照传统的建构方式，使建构逻辑传承与统一。

典型案例　海口市民游客中心（图7-6）

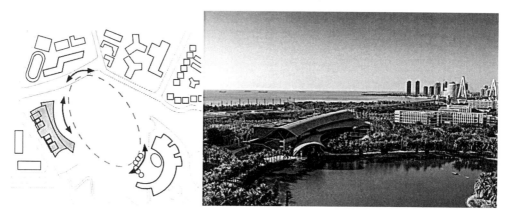

图7-6　海口市民游客中心
（来源：中国建设科技集团. 绿色建筑设计导则 建筑专业. 北京：中国建筑工业出版社，2021.）

该项目利用场地内原有湖面组织建筑布局，新建建筑体量沿着湖边一角处布置，其空间边界不仅适应了公园内原有的界面，还与其他几栋建筑共同塑造了新的连续的空间界面。同时考虑北侧小学和公园之间的生态廊道连续性，保留了视线通廊的连续性，从而优化了FR-2连边中场地景观要素的能量传输效率，同时顺应场地周边环境，营造了丰富的开放活动空间。

（3）开发场地既有空间

根据建设项目的使用功能需求，结合场地自然条件，可以对场地内的既有空间进行开发与整合。适当开发场地内具有较高稳定性和防护性的地下空间，有利于节约土地资源，缓解地面交通压力，提高地面灾害的防护能力（表7-7）。

开发场地既有空间　　　　　　　　　　　　　　　　表 7-7

优化策略	设计策略示意		
优化FR-2连边的能量传输效率	开发场地既有空间		
	空间品质	地下空间	竖向空间

1）提高对地下空间的开发与利用。例如结合绿化、通风、防火等因素，优化室外地下空间的品质，尤其是高层建筑、大型公共建筑等，可以在提高城市集约化程度的同时，塑造优质的城市公共空间。

2）充分利用地下空间，对包括停车、商业、服务用房、设备用房等空间进行地下放置处理，优化对地面空间的利用，同时预留能够营造舒适室内环境的空间条件。

3）通过多样性的竖向设计手法，营造不同的空间环境。例如通过下沉设计，营造向心围合的空间场所。通过竖向高差，合理划分场地不同功能分区。利用场地坡度、坡向，创造丰富的城市天际线等。

典型案例　中国建筑设计研究院创新科研示范中心（图7-7）

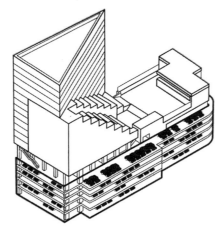

图7-7 中国建筑设计研究院创新科研示范中心
（来源：中国建设科技集团. 绿色建筑设计导则 建筑专业. 北京：中国建筑工业出版社，2021.）

该项目通过科学勘探场地条件后，对地下空间进行较高强度的开发，最大化利用了建筑覆盖区域的地下空间，同时通过竖向设计营造了丰富的空间环境，极大地开发利用了项目场地既有空间，优化了场地FN-2的能量传输效率，提高了场地使用率。

（4）优化场地交通系统

场地交通系统包含了人流和以车流为主的交通工具组成的场地交通、场地交通设施、停车系统等。如同人体的骨骼和血液一样，交通与设施支撑场地的各种功能需求，并产生不同的体验感受。对场地交通系统的优化，是协调场地各部分功能互通、营造适宜空间体验的关键（表7-8）。

优化场地交通系统

表 7-8

优化策略	设计策略示意	
优化F8-2、FN-2等连边的能量传输效率	优化场地交通系统	
		交通枢纽　　　　立体交通

1）设置便捷的交通枢纽，建立与周边环境的联系。例如场地出入口的设计，需要充分考虑人行和车行的不同需求，满足主要使用功能出入口的便捷性，使之与城市交通环境形成良好的统一。

2）根据周边环境的进出高程，建立立体交通系统。例如通过多首层的方式，提升场地建筑的使用效率，并结合复合型的交通体系，实现不同空间的多联互通。

典型案例　重庆国泰艺术中心（图7-8）

该项目由于周边场地高差关系复杂，设计基于周边的市政道路、商业平台、自然山体等环境建立了立体交通系统，通过设置不同标高的室外步行平台相互穿插，并通过坡道、楼梯、扶梯等方式相连，引导人群从不同层级进入室内，实现不同空间的多联互通，提高场地使用效率的同时，优化了场地F8-2连边的能量传输效率。

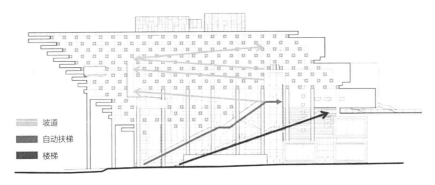

坡道
自动扶梯
楼梯

图7-8 重庆国泰艺术中心
（来源：中国建设科技集团. 绿色建筑设计导则 建筑专业. 北京：中国建筑工业
出版社，2021.）

7.1.3 优化场地阶段连边的流量与数量

对场地阶段连边流量与数量的提高，是通过调节F4-2、F8-2、F2-E等连边的方式大幅增强场地景观（N2）枢纽节点对场地阶段各运行节点的控制，从而增强网络的稳定性。一方面可以通过加强对场地可再生能源的利用，从而增加场地景观（N2）节点对能量利用的途径，使得网络运行更加稳定且高效。另一方面，可以通过增加一定的技术措施，使得建筑在场地中的空间布局具有一定的灵活性，从而适应后期因外部环境变化所产生的空间功能性的调整（表7-9，图7-9）。具体的设计策略主要体现在对场地的空间规划设计以及采取不同技术措施，实现对能源的高效利用和分配上。

基于优化场地阶段连边的流量与数量的绿色建筑设计策略　　　表 7-9

网络优化路径	能量组织策略	绿色建筑设计策略
优化场地阶段连边的流量与数量	修正"能量利用"	建立弹性生长模式
	增强"能量生产"	利用场地可再生能源

（1）建立弹性生长模式

在建筑布局中建立有机的富有弹性的生长模式，有利于对土地实现高效的利用，从而使场地内各要素的联系存在更多潜在的可能性，也为项目未来的发展提供了弹性的拓展空间（表7-10）。

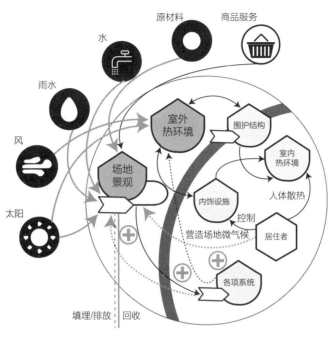

图7-9 优化场地阶段连边的流量与数量

建立弹性生长模式		表 7-10
优化策略	设计策略示意	
提高FN-2连边的数量	建立弹性生长模式	TOD模式　　空间母题

1）以脉络化的公共共享空间串联未来多样化的业态发展。在用地功能布局时，鼓励居住用地和商业服务业设施用地功能混合布局，综合性的公共服务中心结合交通枢纽形成TOD模式。

2）拓扑单元化的空间母题，开展多样化的建筑空间布局。通过选取一两种空间单元，对其进行排列组合，在增强空间整体性的同时，便于空间通过生长、错位、围合等方式实现功能和体验的拓展。

典型案例　雄安市民服务中心办公区（图7-10）

该项目调研了海运装船的适应性和陆运通过桥梁与道路闸口的宽度和高度限制

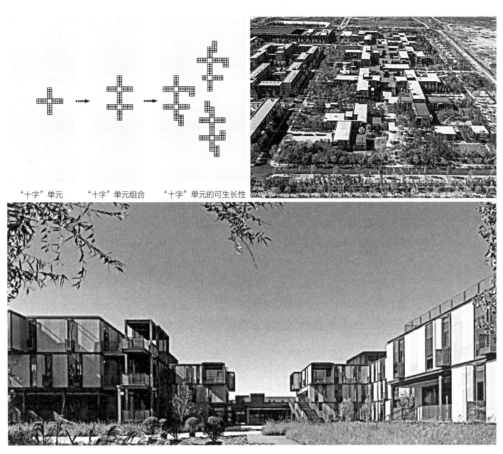

"十字"单元　　"十字"单元组合　　"十字"单元的可生长性

图7-10 雄安市民服务中心办公区
（来源：中国建设科技集团. 绿色建筑设计导则 建筑专业. 北京：中国建筑工业出版社，2021.）

后，基本箱体模块尺寸最终被确定为长12m、宽4m、高3.6m。这一模块尺寸，可以满足本项目住宿、办公，以及楼梯、电梯等功能的需求。模块单元通过拼接组合可以扩展成更加自由开放的空间，不仅摆脱了单个模块对空间的限制，还增加了空间的多样性和灵活性，提高了FN-2连边的数量，从而增强了能量网络的稳定性。

（2）利用场地可再生能源

场地阶段对可再生能源的使用主要通过前期的空间勘察，结合不同的技术措施，对包括太阳能、雨水、风能、地热能在内的可再生能源进行回收与利用，从而增加与场地景观（N2）节点相关能源利用路径，强化能流网络的稳定性（表7-11）。

利用场地可再生资源   表 7-11

优化策略	设计策略示意		
提高F4-2、F2-E连边的流量与数量	利用场地可再生能源	 雨水利用	 浅层地热
		 太阳能	 风力发电

1）雨水利用是对水资源利用的重要途径，包括雨水入渗、收集回用和调蓄排放等。雨水可直接用于绿化灌溉、道路冲洗、建筑工地用水、冲厕、消防等，也可间接通过下凹式绿地、浅沟与洼地、透水铺装地面等补充土壤含水量，或通过调蓄调控减小城市水网的压力负荷。

2）根据场地条件，对现场地热资源进行勘察，考虑对浅层地热能资源的开发利用。

3）根据地区日照条件和市政电力供应情况，在场地设计阶段有针对性地进行光伏发电系统配置的设计，制定运行策略，评估发电容量的需求。

4）风力由于其不稳定性，在民用建筑设计中应根据当地气象资料，因地制宜地构建风力发电系统，作为市电的补充电源使用。

以上通过聚焦场地阶段能流网络的优化策略，总结了基于能流网络优化的绿色建筑设计策略（表7-12）。

7.2 形态阶段设计策略

根据形态阶段建筑能流网络的优化路径，可以总结出形态设计中能流网络节点和连边的对应设计策略（图7-11）；主要体现在对围护与结构系统（N3）节点存—流量关系的调节上，使之一定程度上转化为枢纽节点对网络进行控制，具体可以从

表 7-12

基于能流网络优化的场地阶段设计策略

优化策略		设计策略示意			
优化室外热环境（N1）、场地景观（N2）节点的存量	评估场地资源条件	实体现状	气候环境	生态现状	历史遗产
	利用场地既有资源	既有设施	资源循环	本地材料	
优化FR-1，FR-2等连边的能量传输效率	适应地域气候条件	调整朝向	修正布局	修正形态	
	顺应场地周边环境	因地就势	保留生态	延续肌理	

优化策略		设计策略示意
优化FR-1、FR-2等连边的能量传输效率	开发场地既有空间	空间品质　地下空间　竖向空间
	优化场地交通系统	交通枢纽　立体交通
提高FN-2、F4-2、F2-E等连边的流量与数量	建立弹性生长模式	TOD模式　空间母题
	利用场地可再生能源	雨水利用　风力发电　浅层地热　太阳能

图7-11 形态阶段设计策略

以下三个方面进行优化。

1）通过优化围护与结构系统（N3）节点的存量，适当减小FN-3连边流量，以减缓网络的时空延迟效应，使网络趋向于稳定。

2）通过优化FR-3、F3-1、F3-6、F3-7、F7-3、F8-3、F3-E3连边的能量传输效率，提高建筑能流网络的功率和平均效率。

3）提高FR-3、F3-6、F3-7、F8-3连边流量与数量，使网络稳定性增强。

7.2.1 优化形态阶段枢纽节点的存量

为了维持形态尺度下能流网络稳定运行，对N3节点存—流量进行控制是重要手段之一，其中包括：对围护与结构系统（N3）节点存量的优化，以及减少FN-3连边流量。原材料与商品服务的能量输入同N3节点能量利用的联系最为紧密。因此，需要在形态设计阶段对建筑实体的形态控制和建筑材料、结构的设计上进行优化，从而达到调节网络存—流量结构的目的。具体可以通过控制建筑空间规模、优化建筑结构体系和使用绿色循环建材三个方面的设计策略实现（表7-13，图7-12）。

基于优化形态阶段枢纽节点存量的绿色建筑设计策略　　表 7-13

网络优化路径	能量组织策略	绿色建筑设计策略
优化形态阶段枢纽节点的存量	修正"能量利用"	控制建筑空间规模
		优化建筑结构体系
		使用绿色循环建材

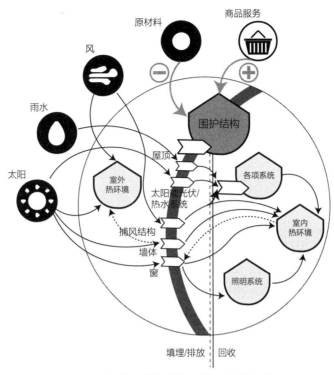

图7-12 优化围护与结构系统N3节点存量

（1）控制建筑空间规模

过分扩大建筑室内空间会消耗较多的能量，因此应充分根据使用需求，一方面合理控制室内空间尺度，避免不必要的浪费，同时穿插室外空间和半室外空间的布置，提高室外、半室外空间的舒适度与可利用性，适当降低对室内空间的需求，从而适当减少建筑室内的面积占比，优化N3节点的存量，减小FN-3连边的流量，有效地节约能源（表7-14）。

控制建筑空间规模		表 7-14
优化策略	**设计策略示意**	
优化围护与结构系统（N3）节点的存量，减小FN-3连边流量	控制建筑空间规模	开放空间　　控制尺度

1）减少封闭的公共休憩空间，提倡室外与半室外的非能耗空间。在气候条件较为适宜的地区，应将公共的休憩空间由室内转换成室外或半室外空间，在减少能耗的同时，增加了空间层次，丰富使用者的活动行为。

2）交通枢纽建筑与博览建筑等超大尺度空间应控制空间高度，避免大而无当的空间。针对建筑面积大，人员密集型的空间，应尽可能将室内空间高度控制在合理范围内，避免单纯追求建筑形式使得空间体积过大，从而造成能源浪费。

典型案例 雄安高铁站（图7-13）

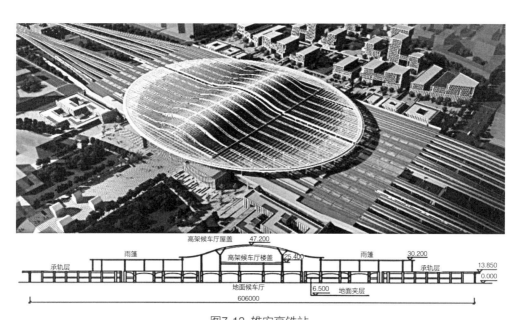

图7-13 雄安高铁站
（来源：杨金鹏. 植入与引领——北京城市副中心交通枢纽和雄安高铁站交通枢纽的设计思考[J].
建筑技艺，2019（07）：70-79.）

该项目在综合外部城市关系与建筑形象的双重考虑下，最终将候车厅的净高确定为22m，适宜的净高不仅避免了夸张空间尺度造成的N3节点以及FN-3连边能量浪费，还保留了在内部置入局部夹层空间的可能性，在满足舒适度的前提下，充分满足了功能的需求。

（2）优化建筑结构体系

建筑的建造方式是影响项目建设质量、效率的重要影响因素。通过优化建筑结构体系，可以使建筑结构体与建造集成一体化形成完整的建筑体系，从而提高建造质量、提升建设效率、达到可持续建设的目的（表7-15）。

优化建筑结构体系   表 7-15

优化策略	设计策略示意	
优化围护与结构系统（N3）节点的存量，减小FN-3连边流量	优化建筑结构体系	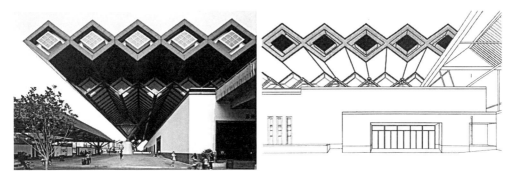 通用体系　　　　集成结构

1）采用建筑通用体系，符合建筑结构体和建筑内装体一体化集成设计要求。采用具有开放性的建筑通用体系是装配式建筑实现集成建造的基础。

2）提高建筑结构体和主体部件的安全、耐久、通用性。选择合理的建筑结构形式，以集成建造为目标，优选装配式框架结构、装配式剪力墙结构、装配式框架—剪力墙结构等。

典型案例　苏州火车站（图7-14）

图7-14 苏州火车站
（来源：中国建设科技集团. 绿色建筑设计导则 建筑专业. 北京：中国建筑工业出版社，2021.）

苏州火车站项目在设计时，通过菱形符号系统将屋面结构、内外装饰吊顶、照明、空调风口等构件整合为一体化的建筑语言。整体连续的屋顶与结构浑然一体，覆盖在建筑的主要空间上，纵横交错。通过集成式、通用化的建筑参数模数和规格化、标准化的部件，优化围护与结构系统（N3）网络节点的存量，减小FN-3连边流量，实现了高效生产与施工安装。

（3）使用绿色循环建材

绿色建筑设计前期在对建材的选择上，需要做到对用材总量的精细化控制、对用材类型的低碳化选择，应当鼓励就地取材、使用循环再生材料等，从而既可以降低生产投入，更有利于节约资源和保护环境（表7-16）。

使用绿色循环建材　　　　　　　　　　表 7-16

优化策略	设计策略示意			
优化围护与结构系统（N3）节点的存量，减小FN-3连边流量	使用绿色循环建材	控制用材	利用原结构	可再生材料

1）控制建筑建设的用材总量，控制材料及结构构件的规格种类，统筹利用材料以减少损耗。利用BIM搭建算量模型，精准掌控建材用量。

2）鼓励就地取材，尽量选择区域常规材料作为建设主材。在改造项目中，最大化利用原有建筑空间及结构，并在利用拆除过程中进行废料的重新建构。

3）鼓励使用可再生材料进行设计，优先选用再生周期短的可再生材料、可回收材料以及可降解的有机自然材料等。

典型案例　黄河口生态旅游区游客服务中心（图7-15）

图7-15 黄河口生态旅游区游客服务中心
（来源：刘旸，李欢欢，王瑾瑾，等. 黄河口生态旅游区游客服务中心[J].
当代建筑，2022（04）：110-113.）

影响室内热舒适度的指标主要包括温度、湿度等，而室内温度及湿度的相对稳定对舒适度来说至关重要[124]。整个建筑采用了夯土墙体作为外围护结构。夯土墙体作为一种很好的蓄热体，其具有较高的体积热容，能够蓄积并释放热量。且其光滑致密的外表面在夏季还可一整天维持较低的表面温度，具有较好的隔热性能。项目采用的夯土墙体大多就地取材，在周边区域寻找合适的砂土，加之通过双层夹心墙体的做法，使其不仅造价低廉，且具有优异的热工性能，是"最接地气"的绿色可再生建材。

在建筑能流网络的优化视角下，采用绿色循环建材可降低围护与结构系统（N3）节点的存量，并减小连边流量，以整体系统的最大功率为目标，形成更加高效稳定的能流网络。

7.2.2 优化形态阶段连边的能量传输效率

对形态阶段连边能量传输效率的优化，主要通过形态设计中对空间形式的合理组织，实现对控制能量转化路径的FR-3、F3-1、F3-6等连边的高效调节。形态空间设计对能流网络调控的底层逻辑是：结合环境气候的差异性，根据建筑物不同功能空间特点和使用者的不同需求，利用建筑空间组织模式来组织能量在系统中的流动，最终达到对不同空间尺度和层级的影响，发挥通风、采光、降噪等条件最大优势，形成有组织的内部能量耗散梯度，进而提高建筑运营阶段空间能量的使用效率，调节FR-3、F3-1、F3-6等连边的能量传输效率。具体的设计策略主要体现在通过空间操作形成良好的空间形态，以回应气候环境并引导人们进行绿色健康的行为活动（表7-17，图7-16）。

基于优化形态阶段连边的能量传输效率的绿色建筑设计策略　表7-17

网络优化路径	能量组织策略	绿色建筑设计策略
优化形态阶段连边的能量传输效率	调节"能量转化"	形态回应气候环境
		空间调节室内环境
		空间引导绿色行为

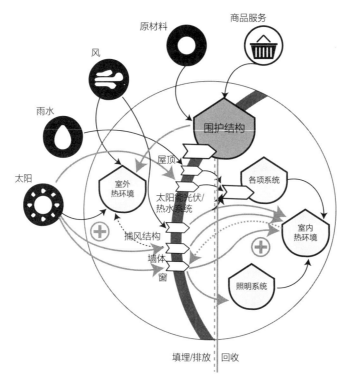

图7-16 优化形态阶段连边的能量传输效率

（1）形态回应气候环境

场地阶段通过控制建筑形体在场地中的布局，构建了适应气候环境的布局形式；在形态设计阶段，则需要对其空间形式进行细化。通过空间设计策略，构建对气候环境中不同类型能量的高效组织模式，使建筑在应对不同气候下的室内外温差、日照强度、雨雪季风、干潮渗透等环境特质时，都能够达到降低整体能耗，提高能量利用效率，提升空间环境舒适度的效果（表7-18）。

		形态回应气候环境			表 7-18
优化策略		设计策略示意			
优化FR-3、F3-1、F3-6等连边的能量传输效率	形态回应气候环境	建筑自遮阳	屋顶形式	底层架空	热缓冲空间

1）利用建筑自身形态的起伏收放，优化自然通风、采光、遮阳。以不同建设区域主导风向与日照角度的分析为依据，判定建筑是否可以通过自身形体的变化形成遮阳、引流、导风等作用。

2）选择合适的建筑屋顶形式。年降水量较大地区建筑宜采用坡屋面设计，有利于建筑排水。多降水地区，屋面坡度多较陡，出挑远。反之，炎热地区、严寒地区、多风沙地区则分别需要考虑通风散热、保温封闭、厚重稳固的设计特点。

3）气候潮湿或自然通风条件较差的地区采取底层架空的策略。底层架空是南方地区常用的防潮策略，建筑材料也多结合木、竹等，形成轻盈通透的建筑体量。

4）设置热缓冲空间，形成室内外环境的过渡，降低其用能标准和设施配置。对于冬季寒冷或夏季炎热的区域，建筑物的入口门厅、大厅、中庭等都是典型的缓冲过渡空间，不仅能节约能源，并且能够通过像"海绵"一般向周边空间吸收和释放能量，使人们逐步适应室内外环境的变化，提高室内的热舒适度。

典型案例 中国建筑设计研究院创新科研示范中心（图7-17）

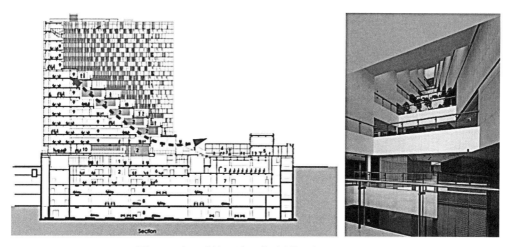

图7-17 中国建筑设计研究院创新科研示范中心

（来源：中国建设科技集团. 绿色建筑设计导则 建筑专业. 北京：中国建筑工业出版社，2021.）

该项目中庭顺应退台的形式，成为独树一帜的内部空间，营造合理尺度与氛围的同时，在建筑体量内部根据风径错层切削，作为能量的引导通道，形成能够使气流贯穿的"空腔"，进而加强自然通风，也改善了室内空气质量。

（2）空间调节室内环境

通过不同方式的空间操作手段，将空间按照能量流动的规律，用"层"的形式汇集具有相似能量需求或能量吸纳能力的空间，或以"空间单元"为单位合理组织空间单元之间的关系，从而调节室内的能量环境，使整体空间能量流通效率最大化。在整合具有强烈差异性的"层化空间"或"空间单元"的同时，取得空间之间的开放性与互联性，以调节不同室内空间中的能量流动，营造舒适的室内环境（表7-19）。

空间调节室内环境 　　　　　　　　　　　表7-19

优化策略	设计策略示意		
优化F3-7连边的能量传输效率	空间调节室内环境	错层处理　围合处理　并置处理 嵌入处理　拆离处理	

1）通过"错层"的操作，将建筑内不同使用功能空间分层布置，构建出高低错层的空间形式，并在不同标高的汇合处形成通高空间，增加空间的进风口面积，构建合理的通风路径，优化室内通风效果。

2）通过"围合"的操作，将室内空间中由主要技术设备或风、光、热能所形成的能量聚集区，按照不同空间对能量需求的递减而层层远离该聚集区，从而构建不同室内围合空间的能量层级，营造不同能量等级的空间环境。

3）通过"并置"的操作，将空间特性相近而具有类似能量吸纳能力的空间进行并置组织，进而提高空间整体的能量使用效率。

4）通过"嵌入"的操作，向一个具有一定规模的功能性建筑空间的气候边界内部嵌入一个能够提供诸如采光或通风等能量补给效果的小空间，以解决大空间内能量分布不均的问题，同时还改善了原本较为单调的空间形态。

5）通过"拆离"的操作，在一个较为完整的空间内部掏挖出一部分空间，使其与室外环境相接触，从而增大与室外环境的接触面积，形成诸如庭院或天井等具有较强能量组织能力的室外或半室外空间，以调节室内的物理环境。

典型案例　海南生态新城数字市政厅设计（图7-18）

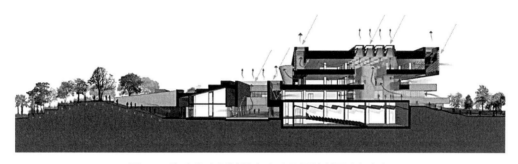

图7-18　海南生态新城数字市政厅设计剖面空间组织
（来源：李兴钢，陈雄，赵元超，等. 生态自然的技术性——品谈海南生态智慧新城数字
市政厅[J]. 建筑技艺，2023，29（01）：40-50.）

在海南生态新城数字市政厅设计中，宋晔皓教授等将朝北的主入口庭院与梯田景观连通，导向半嵌入梯田下方的首层公共服务区以及一系列室外庭院、巷道。东侧面向园区内部的主入口则通过公共台阶开放，公众可以拾级而上，沿着垂直绿化庭院，到达位于二层的建筑核心——半室外通高中庭。所有开放区域，包括核心的通高中庭、平台等都利用建筑自遮阳、自然采光和自然通风作为气候调节的手段，没有采用人工空调系统干预，却营造出舒适宜人的室内环境。与此同时，于办公功能空间的一侧嵌入窄院形成巷道系统，协调了覆土与天光的综合利用，调节了由围护界面向室内环境传输能量的效率，优化了室内环境。

（3）空间引导绿色行为

合理的空间组织逻辑和形式，不仅能够增大人们在其中的使用效率，还有利于人们的身心健康。因此，空间设计需要针对不同的功能确定舒适度标准，结合人们的心理和行为特点进行空间组织，营造适宜的活动空间，改善人们对能源的依赖程度，引导人们在室内外空间中进行绿色健康的行为活动（表7-20）。

空间引导绿色行为		表 7-20
优化策略	设计策略示意	
优化F8-3连边的能量传输效率	空间引导绿色行为	形式顺应功能　生态庭院　空中花园

1）建筑的空间形式顺应其功能的需求与组织。减少不需要的装饰性构件，使建筑外部形态呈现内部功能使用的特点，营造舒适的使用空间。

2）围绕建筑功能与主要动线，穿插室外生态庭院。利用庭院空间能够调和与补充室外空间的特点，使其在室内空间延伸与扩展，营造舒适丰富的视觉环境，缩短使用者的心理行走距离。

3）高层建筑利用屋面或各层平台，营造空中花园、屋顶农业、运动场地等多种形式的绿色空间。

典型案例　天津大学新校区体育馆设计（图7-19、图7-20）

图7-19 天津大学新校区体育馆设计
（来源：任庆英. 天津大学新校区综合体育馆创新设计[J]. 建筑技艺，2018（07）：16-19.）

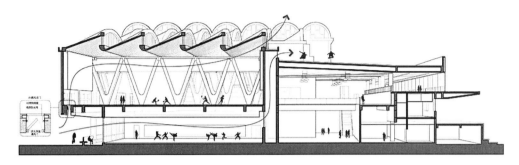

图7-20 天津大学新校区体育馆剖面
（来源：改绘自天津大学新校区综合体育馆[J]. 建筑实践，2019（12）：138-141.）

该项目中，建筑师通过结构的设计回应了环境，强化了功能，引入了光线，塑造了空间，造就了形式，整个建筑以强有力的存在形式与环境产生了有机的互动与对话。此外，该建筑强调在几何逻辑控制下对建筑基本单元形式和结构的探寻，生成与功能、光线及氛围相匹配的建筑空间，剖面形态顺应了建筑平面的功能，营造了宜人的使用氛围，从而大大提高了空间的利用频率，增强了F8-3连边的能量传输效率，达到建筑结构、空间与形式的统一。

7.2.3 优化形态阶段连边的流量与数量

提高形态尺度下能流网络连边的流量与数量，能够增加与围护结构系统（N3）节点连边的数量，从而增加网络的复杂性，而增加网络的复杂性是提高网络运行效率的一种优化方式。体现在建筑形态设计上时，主要是在空间物质化过程中，通过加入高技术手段实现对能源的高效利用，在修正"能量利用"方式的基础上，进一步提高"能量转化"途径的效率，从而更加灵活地适应外部环境对围护与结构系统（N3）节点的影响，营造更加舒适的室内居住环境（表7-21，图7-21）。

基于优化形态阶段连边的能量传输效率的绿色建筑设计策略　表 7-21

网络优化路径	能量组织策略	绿色建筑设计策略
优化形态阶段连边的能量传输效率	调节"能量转化"	设置弹性建筑空间
		改善室内环境舒适度

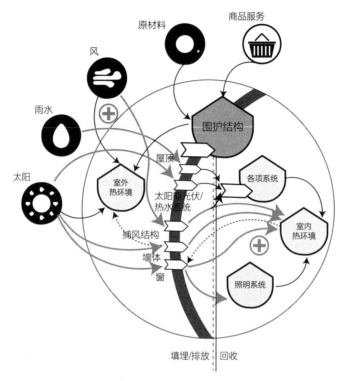

图7-21 优化形态阶段连边流量与数量

（1）设置弹性建筑空间

建筑建成后因缺少维护、缺乏合理运营、空间使用感受欠佳等问题导致的废弃，通常是阻碍其可持续性的重要原因。建筑在前期设计时缺乏对空间设计的考究，随着时间的推移，较为单一的功能设定逐渐无法满足人们的使用需求。因此，需要建立更加开放、灵活可变的弹性空间，以满足建筑建成后进行功能置换和改造利用的可能性（表7-22）。

设置弹性建筑空间 表 7-22

优化策略	设计策略示意	
提高FR-3、F3-6、F3-7等连边流量与数量	设置弹性建筑空间	
	开放体系	开放体系

采用开放空间结构体系，为弹性空间的设置创造基础条件。在满足结构承重要求的基础上，优化柱网和平面布局，形成开放空间结构体系，提高空间利用率。

典型案例 雄安设计中心室内多功能模块（图7-22）

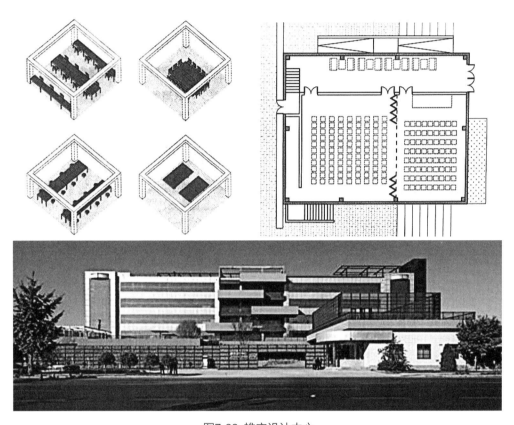

图7-22 雄安设计中心

（来源：中国建设科技集团. 新时代高质量发展绿色城乡建设技术丛书 绿色建筑设计导则 建筑专业. 北京：中国建筑工业出版社，2021.）

该项目改扩建采用钢结构装配模块化快速建造，空间灵活分隔，功能自由转换，未来全部可回收和再循环，打造低碳建构体系，实现建筑空间的模块生长、装配建构。其中包含了诸多多样的功能空间模块，大会议厅内也设置了轻质隔墙，可根据需求灵活使用。增加了建筑能流网络的复杂性，进而提高网络运行的稳定性。

（2）改善室内环境舒适度

围护界面是建筑与外部环境直接接触的物质途径，同时受到自然环境与人工环境的作用，也是空间形式确定后空间物质化的重要媒介。因此，通过优化建筑围护界面的形式和物理性能，维持室内环境相对稳定的状态，对调节室内光、热、声环境的舒适度均有直接意义（表7-23）。

改善室内环境舒适度　　　　　　　　　　　　　　　表 7-23

优化策略	设计策略示意			
提高FR-3、F3-6、F3-7等连边流量与数量	改善室内环境舒适度	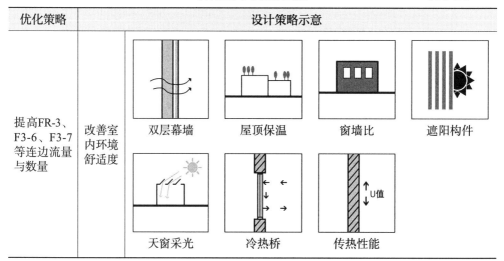		

双层幕墙　　　屋顶保温　　　窗墙比　　　遮阳构件

天窗采光　　　冷热桥　　　传热性能

1）利用双层幕墙形成围护墙体中空层，减少室内外热交换的影响。双层呼吸式幕墙由于中间具有良好的通风换气功能的空气流通层的存在，可以提高幕墙的热工与隔声性能。

2）采用屋顶绿化，架空隔热，蓄水式、倒置式屋面等形式，提高屋面的保温隔热性能，并考虑"第五立面"的美观性。

3）控制不同朝向窗墙比，选择合理的窗户开启方式。顺应夏季主导风向，避开冬季主导风。

4）选择合适的遮阳构件防止产生室内眩光。针对阅读、办公等照度需求高的空间，宜靠近外窗布置，同时设置遮阳措施避免眩光干扰。

5）当建筑的体态较为庞大且室内需要采光时，适宜采取天窗的处理形式，通过天窗采光结合遮阳板或可调节窗帘等形式，调节室内光环境的舒适度。

6）提高整体围护界面冷热桥等薄弱位置的保温和密封性能，防止冷热桥处损失热能。

7）提高围护结构的传热系数（U值），增强围护界面的热工性能。

北京光华路SOHO（图7-23）

图7-23 北京光华路SOHO
（来源：尹灵，张东华. 新技术在综合体项目中的应用——光华路SOHO二期项目设计感悟[J].
城市建筑，2020，17（27）：74-76.）

　　该项目采用全玻璃幕墙系统，塔楼玻璃幕墙外挑350mm宽的不同角度的铝合金垂直遮阳百叶，通过提高建筑能流网络中外围护结构（N3）节点的连边流量与数量，从而优化由围护界面向室内环境传输的能量，提升了网络的稳定性。在室内进深较深的部位打开百叶，而在两侧采光的角部，百叶则起到遮阳作用，减小热负荷。建筑外立面根据不同方位的日照条件与景观条件，对垂直遮阳角度进行精细化设计，形成丰富的立面肌理。因单坡斜屋顶特点，办公区平面由北向南层层退台，北向各层设计多个室外露台，为办公人员提供舒适的休闲景观场所。为保证屋面的保温效果，在直立锁边屋面系统的固定座下装有阻断冷桥的隔热垫，有效防止屋面的冷桥现象，杜绝冷凝水的形成，同时更有效地利用能源，达到节能的目的。

以上通过聚焦形态阶段能流网络的优化策略，总结了基于能流网络优化的绿色建筑设计策略（表7-24）。

基于能流网络优化的形态阶段设计策略　　　　表 7-24

优化策略	设计策略示意			
优化围护与结构系统（N3）节点的存量，减小FN-3连边流量	控制建筑空间规模	开放空间　　控制尺度		
	优化建筑结构体系	通用体系　　集成结构		
	使用绿色循环建材	控制用材　　利用原结构　　可再生材料		
优化FR-3、F3-1、F3-6等连边的能量传输效率	形态回应气候环境	建筑自遮阳　　坡屋顶　　底层架空　　热缓冲空间		
	空间调节室内环境	错层处理　　围合处理　　并置处理		

优化策略		设计策略示意			
优化FR-3、F3-1、F3-6等连边的能量传输效率	空间调节室内环境	嵌入处理	拆离处理		
	空间引导绿色行为	形式顺应功能	生态庭院	空中花园	
提高FR-3、F3-6、F3-7等连边流量与数量	设置弹性建筑空间	开放体系	开放体系		
	改善室内环境舒适度	双层幕墙	屋顶保温	窗墙比	遮阳构件
		天窗采光	冷热桥	传热性能	

7.3 场景阶段设计策略

根据场景阶段建筑能流网络的优化路径，可以总结出形态设计中能流网络节点和连边的对应设计策略（图7-24）；主要体现在对各项设备（N4）、内饰设施（N5）、照明系统（N6）、室内热环境（N7）节点存—流量关系的调节上，使之转化为枢纽节点对网络进行控制，具体可以从以下三个方面进行优化。

1. 通过优化N4、N5、N6节点的存量，使网络趋向于稳定。

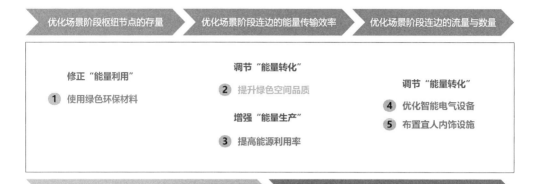

图7-24 场景阶段设计策略

2. 通过优化F3-4、F4-5、F4-7、F4-R、F4-E3、F5-8、F6-7、F8-5连边的能量传输效率，提高建筑能流网络的功率和平均效率。

3. 提高FN-4、FN-5、F4-1连边流量与数量，增强网络稳定性。

7.3.1 优化场景阶段枢纽节点的存量

场景设计阶段关注对建筑不同场景空间的营造，是在空间形态生成基础上的深化与再设计，受到各项设备（N4）、内饰设施（N5）、照明系统（N6）节点的影响，优化这三个枢纽节点的存量，可以有效强化能流网络的稳定性与运行效率。通过优化空间场景内的建筑设备与材料，既能延长能流网络的寿命，又能减少网络的迟滞问题（表7-25，图7-25）。

基于优化场景阶段枢纽节点的存量的绿色建筑设计策略　　表 7-25

网络优化路径	能量组织策略	绿色建筑设计策略
优化场景阶段枢纽节点的存量	修正"能量利用"	使用绿色环保材料

使用绿色环保材料

对于不同空间场景的搭建，需要结合更加精细的装饰材料和设备设施。应当鼓励使用绿色环保的装饰材料、内饰家具和设备设施等，充分发挥材料的自身循环价值，以节约资源（表7-26）。

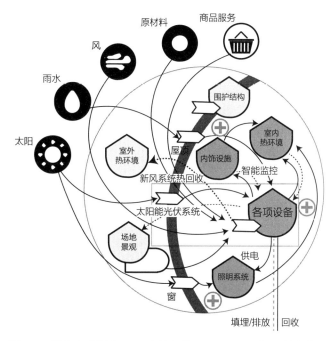

图7-25 优化各项设备N4、内饰设施N5、照明系统N6节点存量

使用绿色环保材料		表 7-26
优化策略	**设计策略示意**	
优化各项设备（N4）、内饰设施（N5）、照明系统（N6）节点的存量	使用绿色环保材料	景观　装饰材料　管线

1）优化景观材料，提倡使用乡土植物和抗污染植物，并优先选用乡土建材以及新型低碳环保材料，利于设计的本土化和绿色环保。

2）选择挥发性有机化合物含量少的室内土建装饰材料。选用满足国家现行绿色产品评价标准的装饰装修材料，包括内墙涂覆材料、木器漆、地坪涂料、壁纸、地板、瓷砖、防水材料、密封胶、家具等产品。

3）在规范允许范围内尝试新型材料应用。例如在不受敷设空间限制的场所可优先采用铜铝复合型铝合金电缆。根据配电导体敷设的场所，采用管壁较薄、性能符合环境要求的管线，有利于节约用工用料。

七舍合院（图7-26）

图7-26 七舍合院
（来源：韩文强. 七舍合院[J]. 建筑实践，2022（02）：122-129.）

　　该项目的游廊屋面采用聚合物砂浆作为曲面面层材料，用平滑的灰面与肌理和瓦顶相对应。旧建筑墙面以原本院内留下的旧砖为主材进行修复，此前大杂院拆除的建筑材料得以循环利用。室内外地面也延用这种灰砖铺作，保持内外一体的效果。原有的石片、瓦罐、磨盘等，完工后作为景观、台阶、花盆点缀于室内外；建筑修复中作废的木梁则被改造成为座椅。

　　在场景设计阶段，该项目大量使用了场地原有材料，并将这些材料运用到与人的行为相关的附属设施的建造中，优化了建筑能流网络节点，尤其是内饰设施

（N5）节点的存量，起到了强化网络稳定性的作用，有效节约了资源，对场景的艺术表达也起到正向作用，是绿色建筑设计中的常用手法。

7.3.2 优化场景阶段连边的能量传输效率

在建筑能流网络中，F3-4、F4-7、F4-R等连边能够控制能量转化路径，通过调节这些连边，可以优化场景阶段的能量传输效率、转化效率，最终提高整体网络运行效率。对F3-4、F4-7、F4-R等连边的调节，主要体现在对建筑具体使用空间的场景营造上，例如如何根据不同场景下使用者的使用需求，通过不同技术措施，营造符合其功能需求的室内环境。具体的设计策略可以针对能源利用效率、空间使用品质两个方面展开（表7-27，图7-27）。

基于优化场景阶段连边能量传输效率的绿色建筑设计策略　　表 7-27

网络优化路径	能量组织策略	绿色建筑设计策略
优化场景阶段连边的能量传输效率	调节"能量转化"	提升绿色空间品质
	增强"能量生产"	提高能源利用率

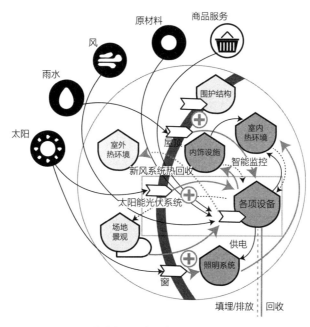

图7-27 优化场景阶段连边的能量传输效率

（1）提高能源利用率

建筑在运营阶段，各使用场景都需要各类能源的不断输入，以保证建筑能流网络正常运转。能源的利用率，尤其是可再生能源的占比，对建筑节能具有重要意义。在建筑的场景设计阶段，能够更加直观地展现能源的利用。此外，对空间余热的回收利用等，在场景设计阶段都要考虑（表7-28）。

<table>
<tr><td colspan="2" align="center">提高能源利用率</td><td align="right">表 7-28</td></tr>
<tr><td align="center">优化策略</td><td colspan="2" align="center">设计策略示意</td></tr>
<tr><td rowspan="2">优化F3-4、F4-7、F4-R等连边的能量传输效率</td><td rowspan="2">提高能源利用率</td><td align="center"></td></tr>
<tr><td align="center">热泵　　　余热回收　　　光伏系统</td></tr>
</table>

1）在日照资源丰富的地区宜优先采用太阳能作为热水供应热源。在夏热冬暖地区、夏热冬冷地区，宜采用空气源热泵作为热水供应热源。在地下水源丰富、水文地质条件适宜地区，宜优先利用地下水源热泵，反之，地表水源充沛，宜优先采用地表水源热泵。

2）对于工业生产中各种热能装置排出的热量，可以进行余热回收利用。此外，还可以根据建筑功能及所在地区气候条件等综合判断排风热回收的适宜性。

3）根据不同地区日照条件和市政电力供应情况，合理布置光伏发电系统和太阳光热辅助系统，搭配蓄能系统及辅助能源系统进行一体化的能源利用系统设计。同时，结合建筑形态效果、发电容量需求，选择适宜的光伏设备，达到发电效率与利用率的最大化。

典型案例　世园会中国馆（图7-28）

该项目在绿色技术的应用上，兼顾功能性、展示性和实用性，除了要满足使用者对采光的基本要求外，还需要考虑到不同季节室内植物种植对光的需求。建筑展开的弧线形总平面给屋面提供了充足的光照条件，增加了南向采光面积。屋面采用光伏太阳能一体化设计，利用南向缓坡屋面设置光伏玻璃，屋架幕墙安装太阳能

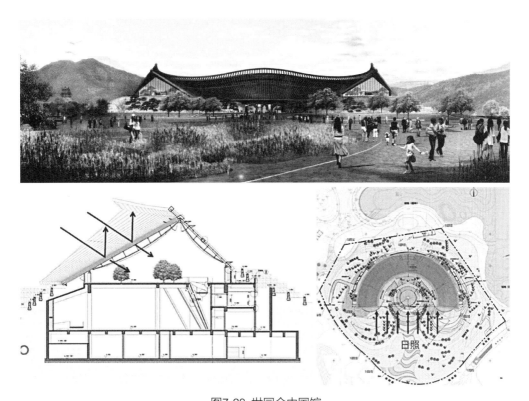

图7-28 世园会中国馆

（来源：中国建设科技集团. 绿色建筑设计导则 建筑专业. 北京：中国建筑工业出版社，2021.）

光伏发电系统，这些手段都增强了由外围护结构向各项设备传输能量（F3-4）的效率，进而提升了设备系统调节室内热环境的能源使用（F4-7）效率，最终提高整体网络运行效率。

项目在提高能量利用效率以及改善能量在系统内部转化场景的同时，具有较高的能量输出潜力。对太阳能的综合利用，不仅能够满足运行多种功能所需的大部分能量供应，如供暖、热水供应、供电等，还能提升使用者的舒适水平，是一种推动绿色建筑未来发展的重要技术手段。

（2）提升绿色空间品质

绿色建筑空间场景品质的提升，包括对室内声、光、热等物理环境品质的提升，还有对人身心健康发展有益的空间要素，这些方面的提升能够在耗能基本不变的情况下，提升使用者的舒适度，进而起到提升能量使用效率的效果。在场景设计阶段，具体需要考虑室内物理环境的舒适度、视线、景观等要素（表7-29）。

优化策略	设计策略		
优化 F3-4、F4-7、F4-R 等连边的能量传输效率	提升绿色空间品质	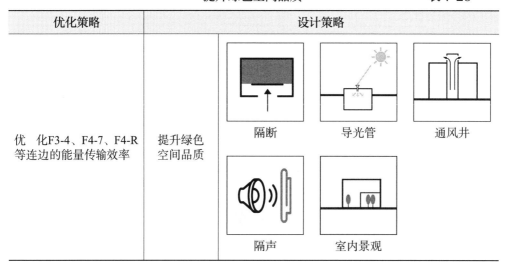	

1）将封闭空间改变为有隔断的半封闭空间，考虑房间私密性的同时，充分利用外部条件，提升内外空间的连续性，将能量利用效率最大化。

2）对于室内黑房间或大进深的空间，可利用主动式导光管或采光装置引入自然光线，营造舒适的光环境。

3）采取导风墙、捕风窗、通风井等诱导气流的措施，加强建筑内部空间场景的自然通风效果。

4）合理设计具有专业隔声及声学要求的空间，加强材料在声学方面的物理性能。

5）根据不同空间的功能性质，通过灵活调整空间的方位布局、开敞朝向，并依据植物生态习性的科学配置，营造环境优美、舒适宜人的景观活动空间。

典型案例 敦煌莫高窟数字展示中心（图7-29）

该项目考虑敦煌地域特点，采用低技术策略的绿色设计概念，尽量少使用特殊的设施、设备、能源来调整室内气温和通风采光等，在设计中通过对空间、材料、外观面积的良好控制，充分利用自然条件，尽量降低能耗和运行成本以及对自然生态环境的破坏。采用地沟自然通风系统，夏季炎热时段利用地道沟系统对空气降温，配合空调系统，以减少能源消耗。在游客集中返回的大空间处结合圆锥体形导光井，为室内提供照明光线。

图7-29 敦煌莫高窟数字展示中心
（来源：吴斌. 敦煌莫高窟数字展示中心[J]. 建筑实践，2019（05）：36-41.）

7.3.3 优化场景阶段连边的流量与数量

对场景尺度下能流网络的FR-3、F3-6、F3-7等连边流量与数量的提高，是通过增加与各项设备（N4）、内饰设施（N5）节点连边中控制能量利用与能量生产连边的数量，从而增加网络的复杂性，提高网络运行效率与稳定性的一种优化方式。通过添加建筑不同场景中各项设备系统与家具内饰的数量，既可以满足不同情景下使用者的需求并提升体验感，还能够辅助管理者对建筑系统中不同场景设备进行智能化控制，从而提升建筑空间场景应对不同情景时的使用潜力与效率（表7-30，图7-30）。

基于优化场景阶段连边能量传输效率的绿色建筑设计策略　　表 7-30

网络优化路径	能量组织策略	绿色建筑设计策略
优化场景阶段连边的流量与数量	调节"能量转化"	优化智能电气设备
		布置宜人内饰设施

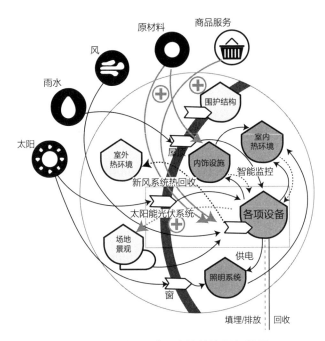

图7-30 优化场景阶段连边的流量与数量

（1）优化智能电气设备（表7-31）

优化智能电气设备   表 7-31

优化策略		设计策略示意
提高FN-4、FN-5、F4-1连边的流量与数量	优化智能电气设备	能源配输　　照明系统　　智能监测　　遮阳系统

1）优化能源输配系统，采用高效水泵、高效风机等，降低配送能耗。同时，结合群控系统，通过信息化手段，帮助管理人员实现对能源侧的优化控制和智慧运维。

2）选择合适的光源及灯具，结合适宜的控制方式，提高室内外空间的照明品质，营造健康舒适的使用环境。需要注意对光源色温、频闪、眩光、照度、能耗的控制。

3）采用机电设备监控系统，实现对建筑机电设备的智能化控制，实现节能效果，包括对中央空调系统、给水排水系统、建筑供配电系统、电梯系统和照明系统等的控制。

4）采用智能化的遮阳设备，根据不同日照环境改变其遮阳角度等，实现自动化调节室内光环境。

（2）布置宜人内饰设施

室内绿色宜人的内饰与设施，是与使用者最直接相关的绿色空间要素。随着科技的发展，智能家居、智慧楼宇等功能越来越完善，提高了智能场景的应用效率，同时还要考虑各种场景设施的人性化设计（表7-32）。从网络的角度出发，人性化设计能够吸引各类使用者、提升舒适度等，从而提升某些连边的流量与数量，以起到提高网络稳定性的效果，同时延长网络寿命。

布置宜人内饰设施　　　　　　　　　　　　　　　　表 7-32

优化策略	设计策略示意			
提高FN-4、FN-5、F4-1连边的流量与数量	布置宜人内饰设施	辅助设施	服务设施	适老益幼	视觉色彩
		净化设施	智能场景		

1）合理规划建筑空间流线，设置适宜的坡道、盲道、无障碍电梯、无障碍卫生间等辅助设施。

2）公共建筑中设置母婴站、医疗救护站、无性别卫生间、垃圾分类点等人性化服务设施。

3）根据老年人和幼儿的使用需求，对公共区域采取"适老益幼"的设计措施，包括墙柱阳角的圆角或护角设计、扶手的形式色彩和安全扶手等的设计。

4）借助色彩设计对空间表达进行改善，关爱使用者的视觉及心理体验。

5）设置适宜的净化设施，对空气、水源等进行净化处理，保证室内的生活品质。

6）将智能场景模式通过智能化的终端设备融入生活场景，满足各场景的使用需求，包括智能迎宾场景、智能参观导引场景、智能会议场景等。通过跨系统、跨专业的智能场景模式，让绿色建筑更具智能化。

以上通过聚焦场景阶段能流网络的优化策略，总结了基于能流网络优化的绿色建筑设计策略（表7-33）。

基于能流网络优化的场景阶段设计策略　　　　　表 7-33

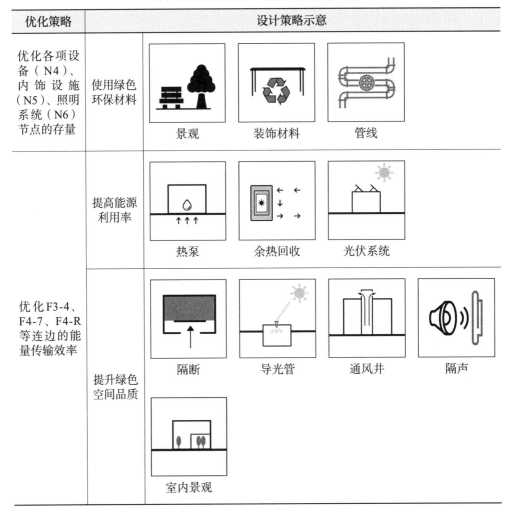

优化策略	设计策略示意			
优化各项设备（N4）、内饰设施（N5）、照明系统（N6）节点的存量	使用绿色环保材料	景观	装饰材料	管线
	提高能源利用率	热泵	余热回收	光伏系统
优化F3-4、F4-7、F4-R等连边的能量传输效率	提升绿色空间品质	隔断　导光管　通风井　隔声　室内景观		

优化策略	设计策略示意			
提高FN-4、FN-5、F4-1连边的流量与数量	优化智能电气设备	能源配输	照明系统	智能监测	遮阳系统
	布置宜人内饰设施	辅助设施	服务设施	适老益幼	视觉色彩
		净化设施	智能场景		

本章总结了基于能流网络优化的绿色建筑设计策略，遵循从整体到局部、从空间到措施的绿色建筑设计特征，从场地、形态和场景三种时空尺度下对绿色建筑的设计策略进行了总结，以供读者进行检索（表7-34）。

基于能流网络优化的绿色建筑设计策略　　　　表 7-34

优化策略	设计策略			
优化室外热环境（N1）、场地景观（N2）节点的存量	评估场地资源条件	实体现状	气候环境	生态现状	历史遗产
	利用场地既有资源	既有设施	资源循环	本地材料	

优化策略	设计策略		
优化FR-1、FR-2等连边的能量传输效率	适应地域气候条件 调整朝向	 修正布局	 修正形态
	顺应场地周边环境 因地就势	 保留生态	 延续肌理
	开发场地既有空间 空间品质	 地下空间	 竖向空间
	优化场地交通系统 交通枢纽	 立体交通	
提高F4-2、F8-2、F2-E等连边的流量与数量	建立弹性生长模式 TOD模式	 空间母题	
	利用场地可再生能源 雨水利用	 风力发电	 浅层地热 太阳能
优化围护与结构系统（N3）节点的存量，减小FN-3连边流量	控制建筑空间规模 开放空间	 控制尺度	

优化策略	设计策略			
优化围护与结构系统（N3）节点的存量，减小FN-3连边流量	优化建筑结构体系	通用体系	集成结构	
	使用绿色循环建材	控制用材	利用原结构	可再生材料
优化FR-3、F3-1、F3-6等连边的能量传输效率	形态回应气候环境	建筑自遮阳 / 坡屋顶 / 底层架空 / 热缓冲空间		
	空间调节室内环境	错层处理 / 围合处理 / 并置处理 / 嵌入处理 / 拆离处理		
	空间引导绿色行为	形式顺应功能 / 生态庭院 / 空中花园		
提高FR-3、F3-6、F3-7等连边流量与数量	设置弹性建筑空间	开放体系 / 弹性空间		

优化策略		设计策略			
提高FR-3、F3-6、F3-7等连边流量与数量	调节室内环境舒适度	双层幕墙	屋顶保温	窗墙比	遮阳构件
		天窗采光	冷热桥	传热性能	
优化各项设备（N4）、内饰设施（N5）、照明系统（N6）节点的存量	使用绿色环保材料	景观	装饰材料	管线	
优化F3-4、F4-7、F4-R等连边的能量传输效率	提高能源利用率	热泵	余热回收	光伏系统	
	提升绿色空间品质	隔断	导光管	通风井	隔声
		室内景观			
提高FN-4、FN-5、F4-1连边的流量与数量	优化智能电气设备	能源配输	照明系统	智能监测	遮阳系统

优化策略	设计策略				
提高FN-4、FN-5、F4-1连边的流量与数量	布置宜人内饰设施	辅助设施	服务设施	适老益幼	视觉色彩
		净化设施	智能场景		

7.4 小结

综上所述，本章接着上一章提出的场地、形态到场景三个设计阶段的能流网络优化路径，遵循修正"能量利用"、调节"能量转化"、增强"能量生产"的能量组织策略，进一步细化分析出各阶段、不同优化路径指导下的绿色建筑设计策略。

场地设计阶段形成了评估场地资源条件、利用场地既有资源、适应地域气候条件、顺应场地周边环境、开发场地既有空间、优化场地交通系统、建立弹性生长模式、利用场地可再生能源的总体性设计策略。

形态设计阶段形成了以控制建筑空间规模、优化建筑结构体系、使用绿色循环建材、形态回应气候环境、空间调节室内环境、空间引导绿色行为、改善室内环境舒适度、设置弹性建筑空间的总体性设计策略。

场景设计阶段形成了使用绿色环保材料、提升绿色空间品质、提高能源利用率、优化智能电气设备、布置宜人内饰设施的总体性设计策略。

最后，通过不同的典型案例辅助说明各类设计策略在建筑实践中的应用场景，形成了基于能流网络优化的绿色建筑设计策略。

结论与展望

在国家政策的指导下，建筑行业内部不断努力，我国在绿色建筑节能减碳关键技术、绿色建筑法律法规、激励政策等方面取得了一定进展，并形成了覆盖全过程、全类型和不同气候区的绿色技术标准体系。在绿色建筑设计与建筑技术共同发展的过程中，对绿色建筑的决策多经由专业领域的科学家或工程师，建筑师的话语权逐渐消失。随着党的十九大报告中对力争2030年前实现"碳达峰"，2060年前实现"碳中和"的"绿色发展"战略的部署，中国绿色建筑发展又迎来了新的挑战。国家提倡超低能耗、近零能耗、零能耗以及未来的产能建筑的生产与发展，鼓励建筑师开拓绿色设计创新，充分调动建筑师的积极性。这需要建筑师建立系统整体性的设计观，重新拾起对复杂工程的统筹规划能力，与各行业的科学家、工程师进行紧密合作，指导全过程的绿色建筑设计。

当前大多数有关绿色建筑设计方法的讨论都是为一个共同目标，即寻求更加科学且易操作的方法来开展绿色建筑设计各个层面的研究活动。本书在系统生态学原理与网络分析方法的基础上，通过构建以环境为背景、以建筑为媒介和以人为核心的绿色建筑能流网络，将建筑置于环境整体可持续的语境中，从能源效率下的还原论方法转移到建筑能流网络的系统分析方法，根据网络的发展特征和运行机制提出了评价与优化方法，剖析了以能量组织为核心的能流网络对绿色建筑的调控机制，并将能流网络的优化路径与能量组织策略融入绿色建筑设计流程，形成了对能量视角下的绿色建筑设计：理论、方法与实践体系的初步探索。

通过本书的研究，我们获得以下结论和启示。

首先，从方法的角度看，建筑学的研究可以被看作是以知识创新为目的的系统性探究。对设计者来说，建筑设计研究实际上是从经验和观察中简化提取出大量的知识，然后用某种形式分类并且表达出来。这一过程中，定量和定性研究的区别，是简化手段的不同而已，更为重要的是通过一种更加科学、直观和可操作性的方法进行系统性的研究。

其次，本书基于系统生态学原理和网络分析方法，尝试摆脱过去孤立系统观指导下绿色建筑设计一味降低能耗的思路，并进一步从建筑与环境整体的视角对绿色建筑展开可持续性评价。由此可以发现，创新技术手段实现对可再生能源的利用，提高建筑能流网络的效率与稳定性是建筑师面向以碳中和为短期目标和以人居环境可持续发展为长期目标的未来绿色建筑设计的关键依据，也是增强生态网络整体繁荣的重要路径。

同时，作为系统生态学、网络科学和建筑学之间跨学科研究的尝试，由于篇幅有限，本书只是搭建了一个粗浅的研究框架，框架中的各组分没有完全展开。我国的辽阔疆域和基本国情决定了绿色建筑发展的多样性。本研究通过解析建筑的能量与系统属性，并结合网络分析这一建筑能量系统的底层逻辑，对当前绿色建筑作出类自然和人工两种建筑能流网络类型划分的思考，后续还应针对不同地域环境或不同类型建筑进行更加深入的分类研究。

绿色建筑设计重点关注空间节能，倡导"开源节流"，通过提高可再生资源供给水平，降低不必要的能源消耗，营造生态可持续、环境友好的人居空间。而低碳建筑强调以人类的可持续发展为目标，坚守气候变暖1.5℃红线。低碳建筑设计重点关注空间减碳和界面增汇，倡导"开汇节源"，通过减少空间中的碳源，增加碳汇实现低碳发展的目标。建筑作为非线性的复杂系统，需要在设计阶段依据不同的功能定位优化维持其动态平衡的网络结构，才能发挥不同设计策略的最大能效。因此，基于本书所构建的建筑能流网络，能够进一步通过分析建筑能量系统和全生命周期的碳排放机理，挖掘建筑低碳化设计背后的能量组织机理，为建筑师进行低碳建筑设计，以及统筹绿色建筑设计策略与新兴低碳技术应用之间的鸿沟提供了理论基础。

总而言之，绿色建筑设计是一个内涵丰富、动态变化的综合性研究课题。如今面临的全球能源危机与人居环境恶化等挑战需要设计师们在发挥人文关怀的同时，配合多学科多部门多领域的共同研究与协同发展。尽管本书初衷是希望能够带给设计师以新的视角审视绿色建筑设计，促进基于系统生态学与能流网络分析的绿色建筑设计相关理论与实践在新时代不断进步，但因理论水平及思想认识所限，难免疏漏或主观片面，望学界前辈和同行给予指正。最后，期待能量发展的视角导向能引领未来绿色建筑持久生命力的发展，营造更加绿色舒适且充满生机的人居环境。

参考文献

[1] 波士顿咨询公司. 中国碳中和通用指引[M]. 北京: 中信出版社, 2021.

[2] 王艳君, 王东方, 高妙妮, 等. 气候变化对人类健康影响的研究: IPCC AR6 WGⅡ的解读[J]. 大气科学学报, 2022, 45 (04): 520-529.

[3] 沈君承. 当代"热力学建筑实验"及其启示[J]. 住宅与房地产, 2017 (27): 240.

[4] MOE K. Convergence: An Architectural Agenda for Energy[M]. London & New York: Routledge, 2013.

[5] FERNANDEZ-GALIANO L. Fire and Memory: On Architecture and Energy[M]. Gina Carino(trans.) Cambridge: The MIT Press, 2000.

[6] MOE K. Insulating Modernism: Isolated and Non-isolated Thermodynamics in Architecture[M]. Cambridge, MA: Birkhäuser, 2015.

[7] SAUNDERS, HARRY D. "The Khazzoom-Brookes Postulate and Neoclassical Growth."[J]. Energy Journal, 1992(13): 131-148.

[8] SCHNEIDER E D, KAY J J. Order from Disorder: The Thermodynamics of Complexity in BiologyMurphy M P, O'Neill L A J. What Is Life: The Next Fifty Years: Reflections on the Future of Biology[M]. UK: Cambridge University Press, 1995(05): 161-172.

[9] 布雷厄姆, 张博远. 热力学叙事[J]. 时代建筑, 2015 (2): 26-31.

[10] SRINIVASAN R, MOE K. The Hierarchy of Energy in Architecture Energy Analysis[M]. London: Routledge, 2015.

[11] ULGIATI S, BROWN M T. Emergy and Ecosystem Complexity[J]. Communications in Nonlinear Science and Numerical Simulation, 2009(14): 310-321.

[12] HALL C A S, CLEVELAND C J, KAUFMAN R. Energy and Resource Quality: The Ecology of the Economic Process[M]. New York: Willey-Interscience, 1986.

[13] STIEGLER B. The Neganthropocene[M]. London: Open Humanities Press, 2018.

[14] 孙真. 基于能量流动的建筑形式生成方法研究[D]. 天津: 天津大学, 2017.

[15] VAUGHN, KELLY. Jevon's Paradox: The Debate That Just Won't Die.RMI Outlet[J].Plug into New Ideas, 2012(04): 20.

[16] 田娇, 高静文. 国内外绿色建筑评价标准对比分析研究[J]. 城市建筑, 2019 (32): 45-49.

[17] KIBERT C J. Establishing Principles and a Model for Sustainable Construction(C/OL). [2019-03-21]. http/www.irbnet.de/daten/iconda/CIB.DC24773.pdf.

[18] 刘鸿志. 当代西方绿色建筑学理论初探[J]. 新建筑, 2000 (3): 3-4, 20.

[19] 周天军, 陈晓龙, 吴波. 支撑"未来地球"计划的气候变化科学前沿问题[J]. 科学通报, 2019, 64 (19).

[20] 住房和城乡建设部. "十四五"建筑节能与绿色建筑发展规划[J]. 安装, 2022（05）: 1-6.

[21] 林波荣, 周浩. "双碳"目标下的我国建筑工程标准发展建议[J]. 工程建设标准化, 2022（02）: 28-29.

[22] 周小能, 肖伟, 宋波, 等. 产能建筑发展概述及典型案例分析[J]. 建筑节能（中英文）. 2021, 49（10）: 53-58.

[23] LOWES R, WOODMAN B, FITCHROY O. Policy Change, Power and the Development of Great Britain's Renewable Heat Incentive[J]. Energy Policy, 2019, 131: 410- 421.

[24] U. S. Department of Energy. Building Technologies Program, Planned Program Activities for 2008～2012 [EB/OL]. [2013-06-01]. http://apps1.eere.energy.gov/buildings/publications/pdfs/corporate/yp08complete.pdf.

[25] 崔愷, 曾群, 胡越, 等. 场地·场所——中国建筑设计研究院创新科研示范中心现场研讨会[J]. 建筑学报, 2019（06）: 1-8.

[26] 高伟俊, 王坦, 王贺. 日本建筑碳中和发展状况与对策[J]. 暖通空调, 2022, 52（03）: 39-43, 52.

[27] 谭歆瀚. 绿色生态建筑与中国的可持续发展[J]. 山西建筑, 2004（20）: 4-5.

[28] 张敏. 寒地绿色公共建筑的设计方法和技术路径[D]. 天津: 天津大学, 2014.

[29] 赵继龙, 刘甦, 郑斐. 绿色建筑设计与评价——基于新兴生态理念的发展展望[J]. 沈阳建筑大学学报（社会科学版）, 2011（13）: 385-388.

[30] 李麟学, 陶思旻. 绿色建筑进化与建筑学能量议程[J]. 南方建筑, 2016（3）.

[31] 支文军. 形式追随能量: 热力学作为建筑设计的引擎[J]. 时代建筑, 2015（02）: 1.

[32] SRINIVASAN R, MOE K. The Hierarchy of Energy in Architecture[M]. New York: Taylor and Francis, 2015.

[33] JORGENSEN S E. 系统生态学导论[M]. 陆健健, 译. 北京: 高等教育出版社, 2013.

[34] 宋晔皓. 生态建筑设计需要建立整体生态建筑观[J]. 建筑学报, 2001（11）: 16-19.

[35] 宋晔皓. 从环境和建筑看生态建筑设计[J]. 清华大学学报（哲学社会科学版）, 2002（01）: 84-89.

[36] 李麟学. 知识·话语·范式: 能量与热力学建筑的历史图景及当代前沿[J]. 时代建筑, 2015（2）: 10-16.

[37] 孔宇航, 孙真, 王志强. 形式生成笔记——基于能量流动的建筑形式思考[J]. 新建筑, 2018（03）: 77-81.

[38] 仲文洲, 张彤. 形式与能量——建筑环境调控的生物气候理性[J]. 世界建筑, 2020（11）: 68-73+132.

[39] ODUM, HOWARD T. Systems Ecology, An Introduction. 1983 by Howard T. Odum[J]. Journal of Range Management, 1986, 39(4): 383.

[40] SRINIVASAN R, MOE K. The Hierarchy of Energy in Architecture[M]. New York: Taylor and Francis, 2015.

[41] 布雷厄姆. 建筑学与系统生态学[M]. 北京：中国建筑工业出版社，2020.

[42] WILLIAM W. BRAHAM, DANIEL WILLIS. Architecture and Energy[M]. Taylor and Francis, 2013.

[43] 郑斐，刘甦，王月涛. 从孤立到开放——系统生态学视野下现代建筑能量实践反思[J]. 新建筑，2019（01）：66-71.

[44] HARRIET MARTINEAU. The Positive Philosophy of Auguste Comte[M]. London: Cambridge University Press, 2000.

[45] ALBERT-LÁSZLÓ BARABÁSI, RÉKA ALBERT. Emergence of Scaling in Random Networks[J]. Science, 1999, 286(5439).

[46] 司马贺. 人工科学——复杂性面面观[M]. 武夷山，译. 上海：科技教育出版社，2004：56-89.

[47] 欧阳容百. 热力学与统计物理[M]. 北京：高等教育出版社，2007：3-4.

[48] 王新葵，陶胜洋，王旭珍. 热力学三大定律的讨论[J]. 化工高等教育，2017（01）：75-77.

[49] 赵玉，杨谦，王洪见. 热力学第三定律的发现者——能斯特[J]. 大学物理，2014（01）：52-55.

[50] 蔡漳平. 对热力学第二定律的补充[J]. 前沿科学，2014（06）：45-55.

[51] 基尔·莫，陈昊. 以非现代的方式抗争最大熵[J]. 时代建筑，2015（02）：22-25.

[52] 刘耕源，杨志峰. 能值分析理论与实践：生态经济核算与城市绿色管理[M]. 北京：科学出版社，2018：14.

[53] WESTON A H. Quantifying global exergy resources[J]. Energy, 2005(12): 31.

[54] DAVID R T. HOWARD T. Odum's contribution to the laws of energy[J]. Ecological Modelling, 2003(1): 178.

[55] LIN Y. General Systems Theory: A Mathematical Approach[J]. Springer Science & Business Media, 2006(05).

[56] SHANNON C E. A mathematical theory of communication[J]. The Bell System Technical Journal, 948, 27(3): 379-423.

[57] 何宛余. 给建筑师的人工智能导读[M]. 上海：同济大学出版社，2021.

[58] 黄欣荣. 复杂性科学方法及其应用[M]. 重庆：重庆大学出版社，2012.

[59] ZHOU R, CAI R, TONG G. Applications of entropy in finance: a review[J]. Entropy, 2013, 15(11): 909-4931.

[60] GUO C, YANG L, CHEN X, et al. Influential nodes identification in complex networks via information entropy[J]. Entropy, 2020, 22(2): 242-259.

[61] HEATON J, PARLIKAD A K, SCHOOLING J. Design and Development of BIM Models to Support Operations and Maintenance[J]. Computers in Industry, 2019, 111: 172-186.

[62] AMDANIS M, LEE S H. White Space and Digital Remediation of Design Practice in Architecture: A Case Study of Frank O. Gehry[J]. Information and Organization, 2017, 27(2): 73-86.

[63] 戴汝为，复杂巨系统学：一门21世纪的科学[J]. 自然杂志，1997，4：187-192.

[64] 德内拉·梅多斯. 系统之美——决策者的系统思考[M]. 浙江：浙江人民出版社，2012.

[65] BRAHAM W.Architecture and Ecology: Thermodynamic principles of evironmental building design in three parts[M]. London: Routledge, 2016.

[66] ODUM H T. "Self Organization and Maximum Empower" in C.A.S. Hall, ed. Maximum Power: The Ideas and applications of H. T. Odum[M]. Colorado: Colorado Associated University Press, 1995: 311.

[67] BRAHAM W. Architecture and Systems Ecology[M]. London: Routledge, 2016.

[68] 段进，姜莹，李伊格，等. 空间基因的内涵与作用机制[J]. 城市规划，2022，46（03）：7-14，80.

[69] ODUM H T. Environment Accounting: EMERGY and Environ-mental Decision Making[M]. New York: John Wiley & Sons, 1996(04): 242-259.

[70] LOTKA, ALFRED J. Contribution to the Energetics of Evolution[J]. Proceedings of the National Academy of Sciences of the United States, 1922(08): 147-151.

[71] COOK, ROBERT E. 1977. Raymond Lindeman and theTrophic-Dynamic Concep in Ecology[J]. Science, 1984(12): 22-26.

[72] MICHAEL D. U.S. Life Cycle Inventory Database Roadmap[J]. Washington: DC, 2009: 16-17.

[73] GALLOWAY, LINDSAY R. A History of Coal Mining in Great Britain[M]. London: Macmillan, 1882.

[74] ODUM H T. "Emergy in Ecosystems." In Ecosystem Theory and Application, edited by N. Polunin[M]. New York: John Wiley & Sons, 1986: 123-124.

[75] HOLLING C S. Understanding the complexity of economic, ecological, and social systems. Ecosystems, 2001, 4(5): 390-405.

[76] ODUM H T. 系统生态学[M]. 蒋有绪，徐德应，等译. 北京：科学出版社，1993.

[77] 彭文俊. 建筑生态位与评价方法研究[D]. 武汉：华中科技大学，2019.

[78] SUMAN P, FOROUGH F J, MOHSEN H, et al.Integration of Emergy Analysis with Building Information Modeling[J]. Sustainability, 2021, 13(14).

[79] SRINIVASAN R, MOE K. The Hierarchy of Energy in Architecture Energy Analysis[M]. London: Routledge, 2015.

[80] 周红，沈希文，沈强，等. 能值分析与碳足迹的建筑可持续性评价方法比较[J]. 华侨大学学报（自然科学版），2021，42（04）：494-500.

[81] ODUM H T, ODUM E P. Modeling for All Scales, an Introduction to System Simulations[M]. San Diego, CA: Academic Press, 2000.

[82] LI J L, SUN W, SONG H M, et al.Toward the Construction of a Circular Economy Eco-City: An Emergy-Based Sustainability Evaluation of Rizhao City in China[J]. Sustainable Cities and Society, 2021(prepublish).

[83] 白冬梅. 基于能值的绿色建筑成本与效益评价研究[J]. 住宅产业，2017（08）：68-71.

[84] 慕韩锋，冯霄. 工业系统能值理论应用研究进展[J]. 化工进展，2012，31（10）：2137-2143.

[85] 马杰. 基于能值分析的人居环境建设可持续评价阈值研究[D]. 重庆：重庆大学，2013.

[86] 朱琳. 基于生态经济模型的建筑垃圾管理研究[D]. 陕西：长安大学，2017.

[87] 艾伯特-拉斯洛·巴拉巴西. 巴拉巴西网络科学[M]. 沈华伟，黄俊铭译. 郑州：河南科学技术出版社，2020：191-245.

[88] MIGUENS J I L, MENDES J F F. Travel and tourism: Into a complex network [J].Physica A: Statistical Mechanics and Its Applications, 2008, 387(12): 2963-2971.

[89] 郭雷，许晓鸣. 复杂网络[M]. 上海：上海科技教育出版社，2006.

[90] ALBERT R, BARABASI A. Statistical mechanics of complex networks[J]. Review of Modern Physics, 2002, 74(1): 47-97.

[91] BARABASI A L, ALBERT R. Emergence of scaling in random networks [J]. Science, 1999, 286(5439): 509-512.

[92] ADMIC L A, HUBERMAN B A.Power-law distribution of the world wide web [J]. Science, 2000, 287(5461): 2115.

[93] 苗东升，系统科学大学讲稿[M]. 北京：中国人民大学出版社，2007.

[94] MARK E. J. NEWMAN. 网络科学引论[M]. 郭世泽，陈哲，译. 电子工业出版社，2014.

[95] LINTON FREEMAN. The Development of Social Network Analysis: A Study in the Sociology of Science, New York: Empirical Press, 2004.

[96] NEUTRA, RICHARD. Survival Through Design[M]. New York: Oxford University Press, 2005: 96-126.

[97] 王伟东. 可持续发展视野下的建筑产品价格体系与能值分析[J]. 价格理论与实践，2005（07）：38-39.

[98] HUANG Y, BRAHAM W, DAVID R, et al. A metabolic network approach to building performance: Information building modeling and simulation of biological indicators[J]. Journal of Cleaner Production, 2017, 165.

[99] BANHAM, REYNER. The architecture of the well-tempered environment[M]. Chicago: University Of Chicago Press, 1984.

[100] 阿巴罗斯，森克维奇. 建筑热力学与美[M]. 周渐佳，译. 上海：同济大学出版社，2015.

[101] ROBERT E. ULANOWICZ. The dual nature of ecosystem dynamics[J]. Ecological Modelling, 2009(16): 220.

[102] ULANOWICZ, ROBERT E. Ecology: The Ascendent Perspective[M]. New York: Columbia University Press, 1997: 66-98.

[103] WIENER, NORBERT. 1948. Cybernetics or Control and Communication in the Animaland the Machine. Cambridge[M]. MA: MIT Press, 1961: 88-96.

[104] GALIANO F, LUIS. Fire and Memory: On Architecture and Energy[M]. Cambridge, MA: MIT Press, 2000(02): 55-68.

[105] ULANOWICZ, R.E. Growth and Development: Ecosystems Phenomenology. [M]Berlin: Springer-Verlag. 1986.

[106] 张改景，龙惟定. 能值分析在建筑节能评价中的应用. 2009年全国节能与绿色建筑空调技术研讨会暨北京暖通空调专业委员会第三届学术年会论文集[C]. 2009：5.

[107] KELLY K. What Technology Wants[M]. London: Penguin Books, 2011.

[108] SHURCLIFF, WILLIAM. Superinsulated Houses and Double-Envelope Houses: A Preliminary Survey of Principles and Practice, 2nd ed[J]. MA: Shurcliff, 1979(12): 66-96.

[109] GEDDES, PATRICK. Cities in Evolution: An Introduction to the Town Planning Movement and to the Study of Civics[M]. London: Williams & Norgate, 1949.

[110] ASCIONE, MARCO, CAMPANELLA L, et al. Environmental Driving Forces of Urban Growth and Development. An Emergy-based Assessment of the City of Rome, Italy. [J]. Landscape and Urban Planning, 2009(93): 238-249.

[111] DALY, HERMAN E, FARLEY J. Ecological Economics: Principles and Applications[M]. New York: Island Press, 2011.

[112] CHRISTALLER, WALTER. Die zentralen Orte in Süddeutschland, Eine ökonomisch geographische Untersuchung über die Gesetzmässigkeit der Verbreitung und Entwicklung der Siedlungen mit städtischen Funktionen[M]. Jena: Gustav Fischer, 1933.

[113] WEBER, ALFRED, CARL J, et al.Alfred Weber's Theory of the Location of Industries, Materials for the Study of Business[M]. Chicago, IL: University of Chicago Press, 1929.

[114] KRUGMAN, PAUL. "Increasing Returns and Economic Geography." [J]. Journal of Political Economy, 1991(03): 483-499.

[115] BETTENCOURT, LUIS, Geoffrey WEST G. A Unified Theory of Urban Living[J]. Nature, 2010(21): 912-913.

[116] BROWN, MARK T. Energy Basis for Hierarchies in Urban and RegionalLandscapes. [D]. Department of Environmental Sciences, University of Florida, Gainsville, 1980.

[117] WHITE, LESLIE A. The Evolution of Culture: The Development of Civilization to the Fall of Rome[M]. New York: McGraw-Hill, 1959.

[118] JOHNSON, ALAN W, EARLE T. The Evolution of Human Societies: From Foraging Group to Agrarian State, 2nd ed[M]. Stanford, CA: Stanford University Press, 2000.

[119] 江亿，胡姗. 中国建筑部门实现碳中和的路径[J]. 暖通空调, 2021, 51（05）: 1-13.

[120] 刘大龙，马岚，刘加平. 城市下垫面对夏季微气候影响的测试研究[J]. 西安建筑科技大学学报（自然科学版），2020, 52（01）: 107-112.

[121] 安佳坤，贺春光，刘洪，等. 基于强化学习的建筑集群需求侧能量管理方法[J]. 电力建设, 2021, 42（05）: 16-26.

[122] 蔡雁. 泉州岵山镇传统建筑的保护研究[D]. 厦门: 厦门大学, 2014.

[123] 刘恒，徐风. 雄安设计中心[J]. 建筑学报, 2020.

[124] 李麟学，王瑾瑾. 作为能量媒介的材料建构——黄河口游客服务中心夯土实验[J]. 建筑技艺, 2014（07）: 58-65.